プロダイバーの
ウニ駆除クエスト

環境保全に取り組んで
わかった海の面白い話

中村拓朗
（スイチャンネル）

KADOKAWA

磯焼けとウニ駆除

著者がウニ駆除をしている様子。海の砂漠化と呼ばれる「磯焼け」は、ウニの増加が要因のひとつといわれており、近年問題視されている。海の環境が変化するには長期間かかると思われがちだが、実は1年単位でガラリと変わる場所もある。

ウニ駆除を開始したタイミングで、漁協組合長お手製のウニ駆除用ハンマーをいただいた。すべてのウニを駆除するわけではなく、岩場などに隠れているものはあえて見逃す。ウニ駆除は、海のバランスを保つためにしていることを忘れてはいけない。

著者が主に駆除対象としている「ガンガゼ」という種類のウニ。トゲの先は針のように鋭く毒を持っているので、海の中でガンガゼを捕食対象にする生き物はあまりいない。浅瀬にも生息しているので、うっかり触ることのないようにしよう。

海底を覆うガンガゼのコロニー。餌が減った海でも、岩やサンゴなどをゴリゴリと削りながら食べて、なんとか命を繋いでいこうとする。凄まじい生命力をもっているがゆえに、放っておいても数が減ることはほとんどない。

岩肌が露出した、磯焼けの様子。ウニは鋭い口器で岩をもかじることができ、本来海底に付着しているはずの小さな海藻などが、根こそぎなくなってしまう。このように一度磯焼けが発生してしまうと、海藻が育たなくなり、魚の産卵場所や生息域が減少してしまう。

ウニの生態

メスのムラサキウニが産卵する様子。煙のように立ち昇る細かい粒子が卵だ。

オスのムラサキウニが産卵期を迎える様子。

ガンガゼがほかのウニと大きく違う点は、中心にあるオレンジ色の器官。これは光を察知する目の役割と、排泄物を外に出す役割を兼ね備えている。さらに、オレンジ色をした器官のまわりをよく観察すると、星型の青い部分が見える。

ガンガゼの口器と呼ばれる部分。岩に張り付いている面にあり、かなり凶暴な見た目をしている。左の写真にあるトゲの部分を取ると、右の写真のように口器がハッキリと確認できる。まるで爪がスクリュー状に付いているようなフォルムになっている。

ウニを割ると、まわりにいる生き物が集まってウニを食べてくれる。海底のウニの量をバランスよく整えることで、海藻が育ち磯焼けからの回復に繋がるのだ。

ウニを駆除すると集まる魚たち

駆除を始めるとすぐに集まってくるスズメダイ。目に見えないほど小さいガンガゼの卵を食べてくれる。

主にまとまったガンガゼの身を食べるマダイ。駆除中、割るのを待っていたり、後ろをついてきたりする。

口の先で器用に中身を取り出すイシガキダイ。トゲが刺さらないよう細心の注意を払っている。

背景に擬態しているカサゴ。なぜかガンガゼの殻をくわえてご満悦な様子だ。

ウニの蓄養

レジェンド漁師から借りた1トン水槽。ここでムラサキウニの畜養をスタートした。

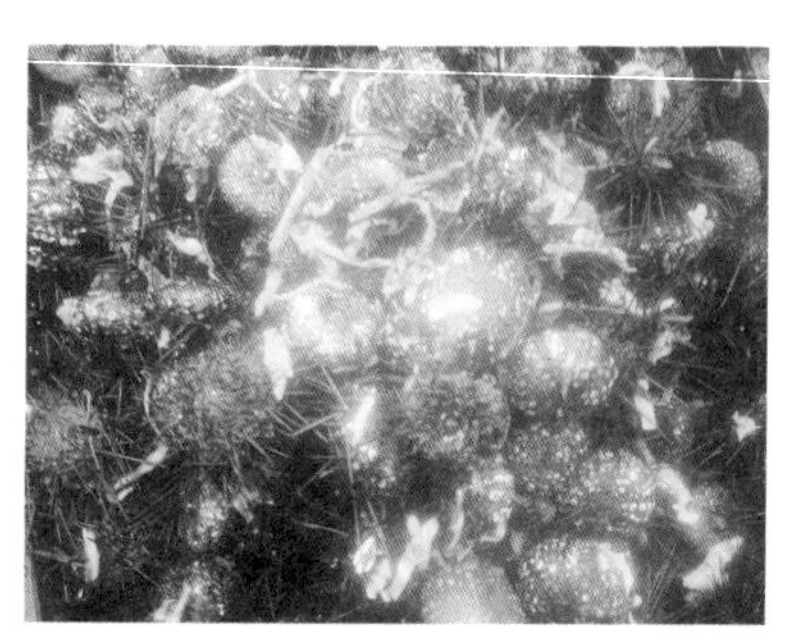

初めての畜養では、ムラサキウニを、1,000匹育てていた。しかし、トゲ抜け症の感染により全滅してしまった。

全滅後2回目の畜養では、500匹ほどに数を減らしている。空間が広がったことで、すべてのムラサキウニに対して均等に餌が与えられるようになり、水質も一定に保ちやすくなった。

試行錯誤の結果、流れ藻がウニの餌に適していることが判明。ムラサキウニの食欲も勢いを増した（右下）。著者が畜養に成功したウニ。オレンジ色の身がしっかりと詰まっている（下）。

海藻（アカモク）の育成

長崎大学 水産学部の桑野教授が育てたアカモクの苗。このように育つまで何年も研究を重ねている。

魚たちの食害から守るため、アカモクを金網でガードする。

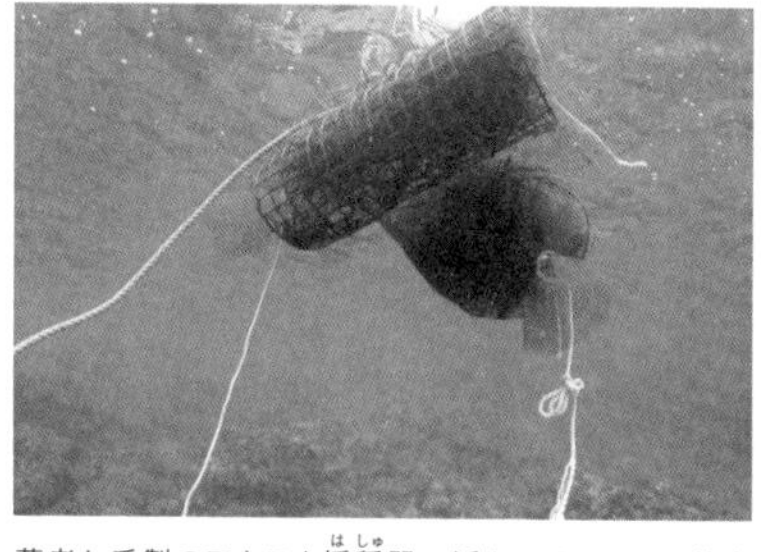

著者お手製のアカモク播種器。浮かせることで、効率よくアカモクの卵を拡散することができる。

アカモク育成23日目の様子。育ってはいるが、まだまだ生長途中。

アカモク育成100日目の様子。海面に届くほど大きく育ったアカモクは、長いもので3メートルにも生長。順調に育てば10メートルを超えるといわれているので、この大きさでも発展途上だ。しかし、多くの魚たちの姿が確認でき、育成は成功といえる。

著者の目指している理想の海は、たくさんの生き物や海藻にあふれた、多様性のある藻場があること。たくさんの海藻が絡み合う藻場は、数えきれないほどの魚が住処にしている。産卵期には、幼魚を育てたり守ったりもしてくれる。

美しい海の生き物たち

海藻に身を潜めるタツノオトシゴ（左上）。孵化する直前のカミナリイカの卵（右上）。ブリの群れ（左下）。ブリの子どもは流れ藻で育つ。卵を守るアイナメのオス（右下）。海藻の根元に卵を産む。

はじめに

みなさん、こんにちは。長崎の海で、水中ガイド業や海の環境保全活動に取り組んでいる中村と申します。また、「スイチャンネル」というYouTubeチャンネルで、海の生き物の生態や環境保全活動の様子を発信しています。

そのほかにも、小学校などで海の生き物や環境についての講演を行ったり、海の様子を調査したり、はたまた地元長崎のテレビに出演させていただいたり……海に関するさまざまなことをお仕事にしています。簡単に説明すると〝海のなんでも屋さん〟です！　まさか自分がYouTuberになる日がくるとは。未来って本当にどうなるか分かりません。

私が海に興味をもったのは、シンプルに書くと一番身近にある存在だったから。父方の祖父母の家は長崎県北部にある小さな島の漁師町にあり、小学生のころは、銛(もり)を片手にイシダイという魚を追いかけ、海士だった祖父母の見様見真似で素潜りしながら海を楽しみました。私は3人兄弟なのですが、仲良く3人とも水産系の道に進むことになりました。地元の高校

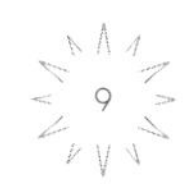

を卒業し、私は鹿児島大学水産学部に入学。時間の許すかぎりダイビングを満喫し、卒業後は再び長崎へと戻りました。その後、ペンギンの飼育種類数世界一で知られる、長崎ペンギン水族館の飼育員として就職します。ただ、私がこの水族館に就職した理由は、「ペンギンが好きだから」ではありません。

では、なぜか？　理由は大きく分けてふたつ。ひとつ目は、水族館の飼育員なら怪しまれずにダイビングができると思ったから。「好きなときに潜ればいいのに」と思われるかもしれませんが、いつでもどこでも楽しめるというわけではないのです。

漁業者から見ると「ダイビング＝密漁」というイメージは強く、勝手に潜っていると、すぐに漁師さんが駆けつけます。さらに、水産業が盛んな長崎であれば漁業者の目は一層厳しくなり、なおさら一般人が勝手に潜るのは難しいだろうと考えたわけです。しかし、潜っているのが水族館の飼育員ならきっと納得してくれるはず！　そんな思惑が見事に当たり、漁師さんに聞かれたときにも何とか大ごとにならずに済みました。

そして、ふたつ目の理由は〝海の魅力を伝えたかったから〟です。当時、長崎の海でダイビングをしている人はいましたが、その海の環境や生物、生態系について詳しく紹介している人はいませんでした。それどころか、最も身近な海であった大村湾は、汚れた海の代表のように取り上げられることも多かったのです。中学生のころには、ニュースの一幕でレポーターが大村湾の海底に潜り、ヘドロが溜まっていると紹介した映像を見て、普段から泳いだり釣りをしたりして遊んでいた海が実はそんなに汚かったんだと衝撃を受けました。

だからこそ、そんな海をなんとかできる大人になりたいと思っていました。大人になって大村湾に潜ってみると、レポーターが言っていた汚れたヘドロは、ハゼやシャコが暮らすのに最適な、やわらかくて栄養をたくさん含んだ泥であることが分かりました。それは、テレビを通して見たらただの泥の塊。ですが、実際はたくさんの生き物が暮らす豊かな住処でした。

もしかしたら、こういう誤解がほかにもあるのかもしれない。海との関係が遠ければ遠いほど、そのギャップは大きくなるのかもしれない。自分がダイビングを通して感じた長崎の海の魅力を伝えるには、説得力が必要だ！と思い、水族館の飼育員になりました。

水族館でペンギンの飼育を約1年半。その後、魚類を2年ほど担当して、水中ガイド業で独立を果たします。これでさらにダイビング人生まっしぐらだ！と思っていたのですが、退職届を出した直後、3・11の震災が起きました。あの絶望的な空気感の中、水中ガイドなんてやっていけるのか……？と将来にかぎりない不安を抱いたのは言うまでもありません。

ですが、そんな不安を抱えながらも、水中ガイドとして長崎の海に毎日潜りました。すると、そこにあったのはどこに潜っても生き物だらけで楽しい日々。小さなギンポの産卵や、小さなハゼを一日中観察した日々を思い出すだけで幸せな気持ちになります。

そんなとき、大村湾でタツノオトシゴの出産を撮影しようと思い立ちました。魚だと認識していない人もいますが、実はタツノオトシゴはどこの海にも生息している、れっきとした魚です。東京湾や大阪湾はもちろん、北海道から沖縄まで日本全域の海に暮らしています。

彼らは姿だけでなく生態も特徴的で、オスが出産する魚としても有名です。そんな光景を実際に見られたらどんなに楽しいだろうか！　大村湾にはたくさんのタツノオトシゴが生息しており、この海ならタツノオトシゴの出産シーンを見せてくれるはず！と考えたのです。

結論からいうと、大成功！　深夜3時に行われる出産劇は感動の一言で、本当に神秘的な光景でした。また、出産だけでなく、オスのお腹の袋にメスが卵を産む光景まで見られました。その瞬間、2匹がお腹をくっつけ合うのでハート型になるのです！　いやぁ、タマラン！　タツノオトシゴの繁殖期は狭いエリアに最大で10匹前後も集まり、オス同士の争いやメスの争いで賑わっていました。

しかしその3年後、そんな環境が突然終わりを告げます。姿を消したのはタツノオトシゴだけじゃありません。マコガレイやアサヒアナハゼ、アイナメやクジメなど、海の中を悠々

向かい合いながら産卵するタツノオトシゴ。

と泳いでいた魚たちが徐々に少なくなり、海の中は静かになっていきました。

気付けば、海底はいつの間にか岩肌が剥き出しとなった場所が増えているのを肌で感じました。それは、子どものころに遊んだ海とも違い、タツノオトシゴの「出産」シーンに密着して興奮した海とも違いました。畳1畳分のスペースで何時間でも楽しめた海の豊かさが、日に日に失われていく悲しさをどんな言葉で表現すればいいのか分かりません。

小学生のときに潜った、祖父母の暮らす離島の海では、海底が見えなくなるほどあたりを埋め尽くしていたコンブたちは、今はもうまばらになったと聞きました。なぜ生き物の姿が少なくなったのか、最初はその理由が分かりませんでした。しかし、海の環境につい

て調べてみると、海の砂漠化と呼ばれる磯焼けが原因になっている可能性が高いことが分かりました。そして、磯焼けが起きる理由として注目されていたのが、今回のテーマ「ウニ」だったのです。

そんな折、偶然にも「スイチャンネル」にアップした動画の視聴者が増えはじめます。最初は海の生き物たちを面白く紹介するつもりでしたが、磯焼けについて知ってほしいという思いでアップしたのが、ウニをハンマーで叩き割る〝ウニ駆除〟の動画でした。

正直、「命や食べ物を粗末にしている」といった意見で絶対に炎上すると思っていたのですが、驚いたことに、再生数はこれまでの比にならないほどに伸びました。心配していたコメント欄には活動を応援する内容はもちろんですが、「ウニを割る音が心地よい」と書かれている！　予想外の反応でしたが、ウニ駆除の動画は不眠に悩む人たちの安眠動画として価値を見出されたのです。その方たちの安眠のための視聴が、私のYouTubeでの収益となり、海の保全活動を続けられるようになりました。しかし、いくら環境保全のためとはいえ、生き物好きの私にとって、ウニを駆除するのは気持ち良いものではありませんでした。形だけの駆除ではなく、結果が残るものにしよう！　そんな思いでYouTubeを続けています。

ありがたいことに元々の仕事に動画での収益が加わったことで、活動が持続できるようになりました。そして、自治体と連携を取ったり、長崎大学の教授方や水族館勤務時代の恩師の力を借りたりしつつ、地元の漁協や漁業者ともより良い海の環境を残していけるよう協力して、この活動を続けています。

今回、このような本を出版する機会をいただき、本当にうれしく思っています。きっかけは安眠目的でも、ダイビングでも、環境意識でも何でもいいです。ただ、ほんの少しだけ私が見た海の話をさせてください。そして、もしよかったら海に興味を持ってほしいです。私たちの食べている魚や海藻は、当たり前に存在するものではありません。海の顔は海面から見たときと、海中から見たときでは全然違います。磯焼けってなぜ起こるの？　どうしてウニは駆除されなければいけないの？　そして、海の豊かさを守るために私たちができることって？　少しの疑問が、より良い海をつくってくれると、私は信じています。海藻という存在を軸に、たった数ミリメートルの小さなヨコエビから、果ては深海に棲む生き物までも一繋がりになっていく。大小さまざまな生き物たちが描く点と点を繋ぎ、線にすることでようやく少しだけ見えてきた海の世界。豊かな海を未来に残すためには何が必要なのかを、改めて考えるきっかけにしていただければ幸いです。

第3章

ドタバタすぎるウニ駆除活動

第4章

目指せ一攫千金!? ウニ1000匹を育ててみた

第5章 時給たったの500円!? ウニ漁師になってみた

第6章 ついに見えてきた! ウニが与える真の影響

第7章 藻場を取り戻せ！ アカモク再生プロジェクト

第8章 人間VS魚の仁義なき戦い

第9章 いざ東北の地へ！ 磯焼け対策の武者修行

第10章 最終決戦！ 未来にばらまけ海藻の種！

※本書に掲載されている情報は2023年8月時点のものです。 ※本書は著者が長崎の海を独自に調査し、見解をまとめたものです。海域や環境によって状況は異なります。

活動年表

著者が現在までに活動してきた、海に関する取り組みを紹介。海の環境保全のために、試行錯誤を繰り返してきた。

2007年
- 長崎ペンギン水族館就職

2011年
- 水中ガイドとして独立

2014年
- 最初のウニ駆除依頼を受ける

2018年
- ウニ駆除スタート

- ウニの畜養実験スタート

- 大村湾でウニ漁師になり、
  ウニ漁スタート

2019年
- ウニ駆除2年目
- ウニの畜養実験2年目、
  流れ藻を利用して成功
- ウニ漁2年目
- YouTube「スイチャンネル」
  スタート

2020年
- ウニ駆除3年目
- ウニ駆除地点に親藻を設置

2021年
- ウニ駆除4年目
- アカモクのミイラ化事件発生

2022年
- ウニ駆除5年目
- アカモク育成スタート

2023年
- ウニ駆除6年目
- アカモク育成2年目
- 東北の南三陸へ
  磯焼け対策修業

- アカモク播種器作成

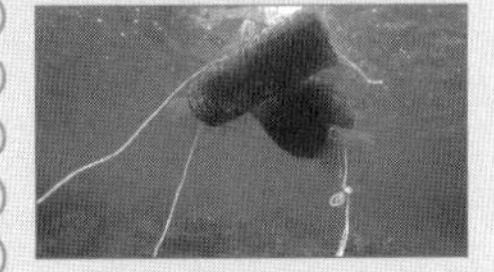

- アカモク育成の成功

活動フィールド

著者が主に活動する長崎の海域を紹介。角力灘では現在でもウニ駆除を行っており、大村湾では過去にウニ畜養を行っていた。

大村湾

超閉鎖性な内湾環境が特徴。大きさは琵琶湖の約半分ほど。ムラサキウニが多いので、畜養やウニ漁のメインフィールドになっている。西海岸は複雑なリアス海岸が形成されているが、東海岸は遠浅になっているので、多様な環境が存在している。絶滅危惧種に指定されている、小型イルカ、スナメリが200頭ほど生息している。

面積……………約320㎢
※琵琶湖の約半分
水温……………最大35℃、最低7℃
最大水深……54m
平均水深……14.8m

角力灘

50年以上前からエダサンゴが群生している海域。昔は天然ヒジキの収穫が盛んだったことでも知られている。外洋に面しているので、対馬暖流の影響が大きい。ガンガゼの数が多いので、現在のウニ駆除活動のメインフィールドとなっている。

面積……………約3,600㎢
※五島灘全域の面積

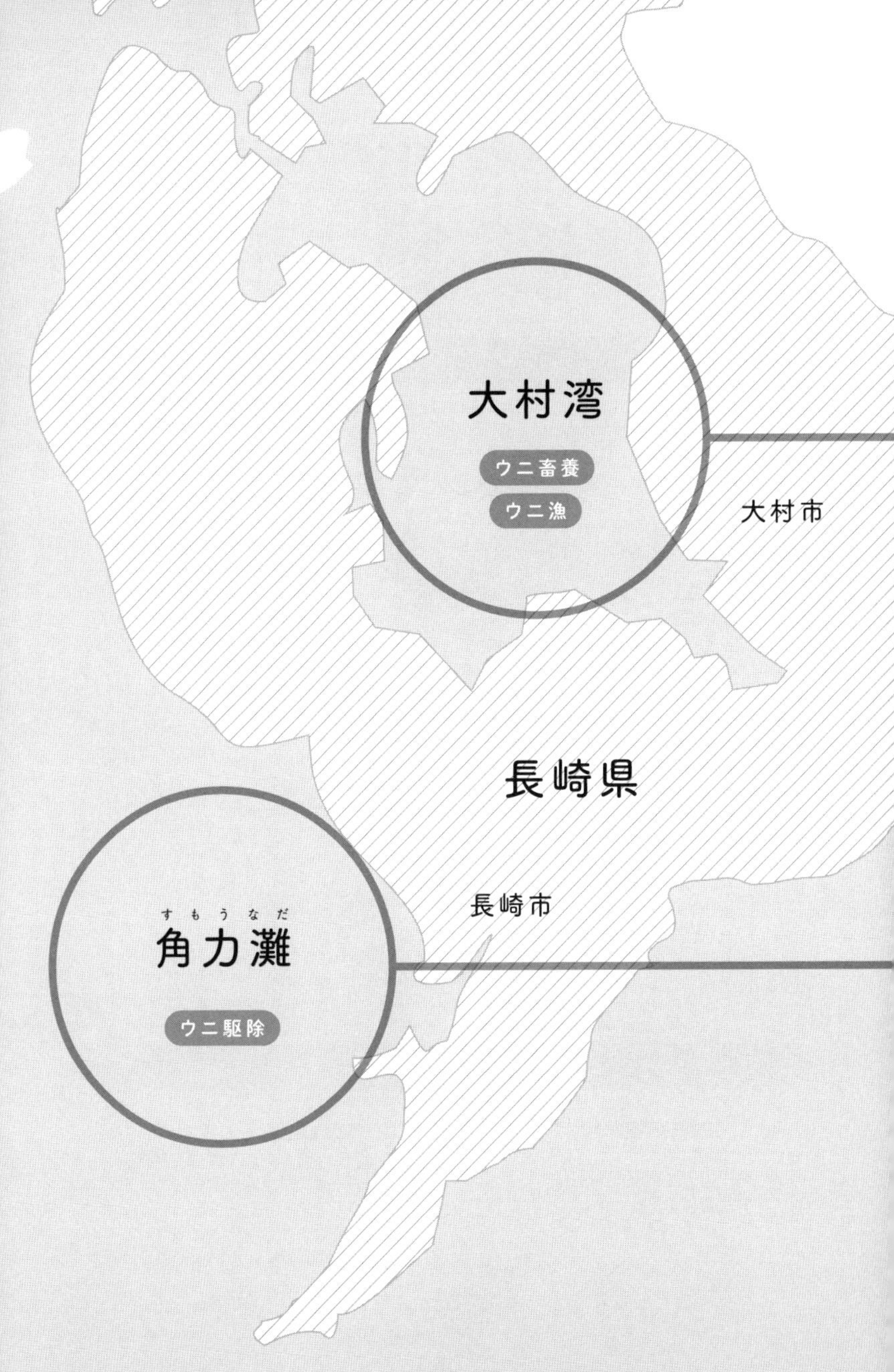

※本情報は著者が活動した2018～2023年のもので、以降変動している可能性があります。

年間スケジュール

ウニ駆除活動を中心に、著者の年間を通しての主な活動とスケジュールを紹介する。

4月　5月　6月　7月　8月　9月

ウニ駆除

イカシバの設置

マキノキと呼ばれる木の枝をひもでまとめ、海底に沈める。すると、この葉にイカが卵を産みつけにやってくる。

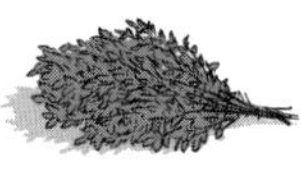

イカシバの設置（2基目）

マキノキは2ヶ月で葉が落ちるので、イカシバをもう一度設置する。

ムラサキウニ漁

ガンガゼを駆除する一方で、ムラサキウニ漁に参加。足のつく浅瀬で漁獲する。

アマモの種採り

海面に浮いている、アマモと呼ばれる海草をかき集めて収穫。その後、葉っぱを腐らせると種だけが残る。

講演活動

保全活動が落ち着く時期は、学校や地方にて、魚たちの面白い生態や、磯焼けの現状などについて講演することが多い。

海藻の卵取りなど

アカモクやヒジキ、ワカメなどから卵を採取して、卵を付着させた種糸を作る。

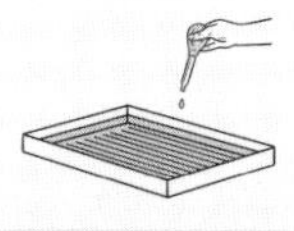

10月　11月　12月　1月　2月　3月

ウニ駆除

アマモの種まき

収穫したアマモの種をまく。アマモもアカモクと同じように、秋から冬にかけて生長する。

海藻の種苗を設置

2～3センチメートルまで育った種苗を海底に潜って設置する。藻食魚が多いと食害にあいやすいので設置する場所にも気を遣う。

海藻の観察・撮影

海藻がしっかりと育っているか、魚たちの食害にあっていないかなどを細かくチェックし、記録を残す。

第1章

なぜウニを駆除するの？

ウニだって生態系の一部

私が水中ガイドをしているのは、やはり生き物の豊かな海に魅了されたからだ。いきなり、本書のタイトルと真逆の印象をもたれてしまうかもしれないが、私はウニがまったく嫌いではない。海を荒らすけしからん存在とも思っていないし、むしろ海中の様子を撮影する際には、光を取り込んでキラキラと輝くウニを撮りたいと思うくらいだ。

また、水中ガイドをしていると魚の集まるスポットについてだんだん詳しくなるのだが、ウニも私に撮影スポットを教えてくれる貴重な存在だ。例えば、ウニのまわりには小魚が集まっていることが多く、ウニのトゲに隠れているハシナガウバウオという魚は、まるでトゲの間でダンスしているのではないかと思うくらい、変わった動きをしている。

水族館などでウニを見て「きれい」「面白い」と思う人は少ないのかもしれないが、長年海に潜っていると、ウニのまわりでしか見られない美しさがあるのだ。

しかし近年は、海藻が少なくなり海が砂漠化する磯焼けの原因として、増えすぎたウニが

著者が主に駆除を行っている、ガンガゼというウニ。

話題になることが多くなった。その結果、「ウニは海藻を食べ尽くす悪者」というイメージをもつ人も増えたようなので、磯焼けの原因自体をウニだと考える人もいるだろう。

それでも、私はウニを悪者だとは思っていない。ではなぜ現在、YouTubeでウニ駆除の動画をアップしているのか。これには、いくつもの理由や経験が重なっているので、一言で答えるのは難しい。

だが、私の経験や感じたことをフィルターにして海の世界を伝えられたら、「なるほど！」と思ってもらえるかもしれない。そんな思いを込めて、まず、初めて経験したウニ駆除について感じていたことを説明したい。

ウニ駆除との出合い

「ウニ駆除を手伝ってくれないか」

2014年に、とある漁業者からかけられたこの言葉が私とウニ駆除との出合いだ。私が活動している長崎県は日本でも有数の水産県で、1990年代から「磯焼け」と呼ばれる海の砂漠化が問題視されるようになった。

このころにはすでに、海藻を守るためにウニ駆除をすることが広まっていた。しかし、私は漁業者から依頼を受けたウニ駆除に対して、前向きに考えられなかったのを強く覚えている。

その理由は、以前からウニ駆除が行われていたのだが、海藻が生えて藻場が回復したという話を耳にしたことがなく、「ウニを駆除すれば海が豊かになる」という考えに疑問をもっていたからだ。

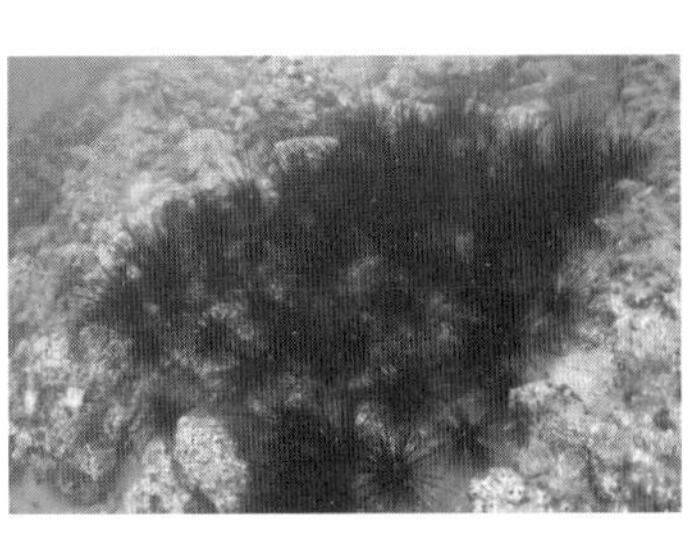

箱メガネ漁の様子（左）。海面側にガラスが張ってあるので、海底を観察できる。ガンガゼが密集して磯焼けが起きている岩場（右）。

さらに、このときに駆除対象とされたのは「ガンガゼ」というう種類のウニだったが、私はこのウニが海藻を食べているところを一度も見たことがなかった。確かに、ほかの種類のウニが海藻を食べているところは見たことがある。しかし、私はガンガゼに海藻を食べるという印象をもっていなかったのだ。

気乗りはしないが、漁業者からの頼みとあれば無下に断るわけにもいかない。ただでさえダイビングは漁業者との円滑な関係性が重要なのは間違いないし、そもそも自分の抱いている疑問は「絶対にガンガゼは悪くない！」と主張できるようなものでもない。

こうして、私は初めてのウニ駆除に参加することとなる。

駆除当日、漁業者は船の上から箱メガネを使い、ダイバーは海中に潜って駆除を行うことになった。

水深5メートルほどの海底に潜った私を待っていたのは、岩の上に居座る大量のガンガゼたち。びっしりと岩にくっついている様子は、遠目から見れば岩そのものがものすごく巨大なウニのようだった。

私以外のダイバーたちは「獲物を見つけた！」と言わんばかりのスピードで、手際よくガンガゼを叩き割っていく。一瞬遅れて私も駆除に加わったが、なんともいえない苦々しい気持ちを抱えながら、バールでウニを割った。

ザク！　ザク！　ザク！

文字にすると小気味のいい音のように感じるかもしれないが、実際にはその音が重なるたびに私の罪悪感は強くなっていった。たくさんの小魚を見せてくれたガンガゼ。トゲの間で踊る魚たち。素敵な景色を見せてくれた存在をこの手で駆除する日がやってくるとは……。

私の罪悪感をさらに大きくさせたのは、凄まじいウニの生命力だった。殻を割ったあとにすぐ絶命してくれるならまだしも、私たちが振り下ろすバールから逃げるような仕草を見せたり、叩かれた部分が勢いよく動き出したりするのだ。実際に、ウニが絶命するのは殻を割ってから2日もかかるので、その間ずっとウニは生きているということになる。

もしも、これで磯焼けの問題が解消しなかったら、ただ駆除しただけで終わってしまう。

逃げ惑うガンガゼたちを見ながら、そんなことを思っていた。

駆除されるウニとされないウニ

ウニ駆除といってもすべてのウニが駆除対象になっているわけではない。対象にされるのはウニの種類全体から見ればほんのわずか。その基準となる要素は主にふたつ。ひとつは海藻類の食害を起こしていること。次に、生息密度が極めて高いこと。このふたつの条件が満たされている場合に、初めて駆除の対象となる。

さて、みなさんは「ウニの主食は？」と聞かれたらなんと答えるだろうか。ウニは海藻を食べると思われがちだが、実は悪食（あくじき）といっていいほどなんでも食べる生き物だ。

確かに、ウニ類の多くは海藻を好んで食べるというのは間違いではない。しかし、試しに魚肉を与えてみると、きれいに食べ尽くしてくれる。ただ、魚を食べたウニは、身入りは良くなるが味が落ちるという話を聞いたこともある。

ウニは種類によって好みの海藻や食べる量、食べ方なども違うので、数が多かったとしても、食害を起こすまでには至らない、というウニも存在する。波当たりの強い荒磯などに生息するタワシウニもそのひとつ。これは余談になるが、タワシウニの変わった生態として挙

岩を削って身を隠すタワシウニ。

げられるのは、岩に自分がすっぽり納まるジャストサイズの穴を掘ることができる点。穴から出ることはほとんどなく、ウニ界の引きこもりとは彼らのこと。ごはんは流れてくる海藻片をキャッチして食べていて、慎ましいのか恥ずかしがり屋なのかは分からないが、興味深い生態をもつウニであることは間違いない。

一方で、海藻の食害を起こすウニの周囲は、明らかに海藻が少なく岩肌が露出しているので、一目で判断できる。私の活動する海域でこのふたつの条件を満たすのは「ガンガゼ」と「ムラサキウニ」の主に2種類だけ。どちらも生息数が多く、活発に餌を求めるので、磯焼けに関わるウニとして警戒されている。

ガンガゼとムラサキウニ

ガンガゼとムラサキウニは、九州の海に潜ればほとんどの海域でこのどちらか、あるいは両方を見ることができるほどポピュラーなウニである。ムラサキウニは広く食用として流通しているが、ガンガゼは一部地域を除いては食用としての利用はほとんどない。

ムラサキウニは関東以南から九州にかけて広く分布する最も代表的なウニなので、おそらく、多くの方がウニと聞いて想像する姿はムラサキウニだろう。ちなみに、私がウニ漁を行う際に獲るのもこのウニで、しっかりと海藻を食べているムラサキウニは本当においしくて、いくらでも食べられる。

しかし、海藻が減少した海では身入りが極端に悪くなるため、最近では漁業者が利益を得られずウニ漁自体が衰退する原因にも繋がっている。そうなってくると、ムラサキウニも磯焼けの原因とされ、一転して駆除対象になるのだ。

一方、ガンガゼは前述したとおり一部地域を除いてほとんど漁獲されていない。それなら

ガンガゼの中央部にある瞳のようなものは、光を感知する役割と排泄器官を兼ねている。

食用にすればいいのでは？と思った人もいるかもしれないが、そう簡単な話でもないのだ。

同じ海域にムラサキウニが存在するため、殻を剥く手間が同じなら味も値段も格段に良いムラサキウニを漁獲したいというのが理由のひとつ。仮にガンガゼを卸市場に持っていっても価値はほとんどなく、買い取ってすらもらえない。

また、ガンガゼのトゲには毒があるので、殻を剥くのも一苦労。トゲの先が細長く鋭いうえにとても脆(もろ)く、指先に少し触れるだけでポキッと折れて指に残ってしまう。しかも、刺さった箇所は毒のせいで1時間くらいはジンジンと疼きつづける。私の知り合いには、ガンガゼのトゲが指を貫通して、病院で処置を受けた人もいるくらいなので、たかがウニといえど甘く見ていると大ケガをすることもある。

かなり注意深くトゲを処理しないといけないので、ガンガゼを食用に剥く際には、まず長い毒針を落とさなければいけない。ムラサキウニにはこの工程がないので、この一手間だけを考えても、いかに食用として向かないか分かっていただけるだろう。

さらに、ガンガゼは近年の海水温の上昇の影響で、急速に生息域を広げている。生息数も増やしているので、海藻が生えなくなる原因として駆除対象となっている。

前の項目でも書いたが、ウニは海藻だけでなく動物性の餌も食べる雑食なので、海で死んだ魚やフジツボ、さらにはサンゴまで食べて生き延びることができるのだ。

そのため、磯焼けになった海域であっても岩の表面に付着した微細な藻類などを岩肌ごと削り取って食べることが可能で、そこから得られるわずかなエネルギーだけで寿命をまっとうする凄い生物。人間で例えるなら、お皿に残ったソースなどを皿ごと食べるようなもの。そんなこと、私には到底できそうもないので、同じ状況になったら餓死すること間違いなし。

その生命力の強さに初めて気が付いたのは、私が水族館の飼育員をしていたころ。ガンガゼを展示している水槽だけ中が見づらく、ほかの水槽とは明らかに違っていたのだ。最初は汚れが付いているのかと思ったが、清掃をしても変化なし。それもそのはず。汚れていたの

ガンガゼの体内にある口器。先端が爪状になっており、岩やサンゴなども削り取れる。

ではなく、ガンガゼが水槽のアクリル面を削って食べていたのだ。

水族館によってはアクリル面を交換できるよう対策して展示するところもあるので、日常的に起こっている事象といっていい。

これは〝アリストテレスのランタン〟と呼ばれるウニの口器を見れば一目瞭然である。ウニは外見からは想像できないが、巨大で鋭利な口器を持っている。

先端には硬く鋭い爪のような歯が5つ付いており、それで海藻でも岩でも削り取って食べていく。つくづく、ウニは海中最強の生物だなぁと感嘆するが、これだけ生命力が強いのであれば、海藻がなくなってもウニが減ることはないと納得していただけるはずだ。

価値あるウニの必須条件

「ウニ＝高級食材」というイメージが定着している日本人は、ウニを駆除するという言葉だけを切り取れば「もったいない！」と思うだろう。実際は私たちが食べているウニは種類全体から見ればほんのわずか。ここまで何度か紹介したとおり、食用として利用できるウニであっても、漁獲するのには条件がいくつか必要になってくる。

まずひとつ目の条件は「おいしいこと」。ウニはいつ食べても変わらないと思うかもしれないが、生息している地域の環境によっても変化し、旬の時期というものも存在する。種類によっては苦味を含んでいることもあるので、その印象はガラリと変わるだろう。

ここで、地域ごとに漁獲される食用ウニの種類を挙げてみよう。東北から北海道ではキタムラサキウニとエゾバフンウニ、九州から関東にかけてはムラサキウニ、バフンウニ、アカウニ、ガンガゼ、そして沖縄ではシラヒゲウニなど。日本国内に生息するウニは約150種といわれているので（近年は温暖化の影響のためか、国内初記録となる南方系のウニが見つかっているようだ）、いかに食べられているウニの種類が少ないか分かるだろう。

ウニの種類

日本の海域で見られる主なウニを紹介！　超高級なものや、攻撃的な性格のものなど、多種多様なウニが存在する。

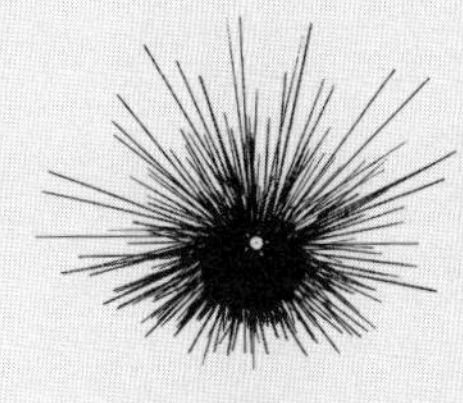

ガンガゼ

関東以南から沖縄の暖かい海域を好む。ほかのウニと大きく違うのは、コロニーをつくる習性がある点。多いときには、50匹を超える群れとなって身を寄せ合っている。

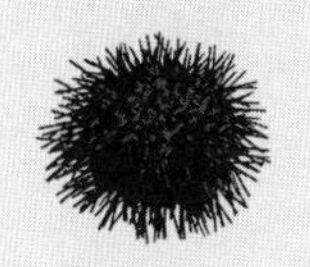

バフンウニ

一部地域では産卵期に苦味をもつので、食用にできないことも。一般の人がバフンウニだと思っているのは、エゾバフンウニである可能性が高い。

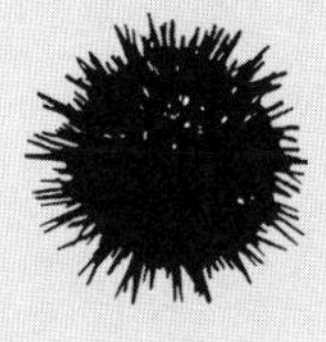
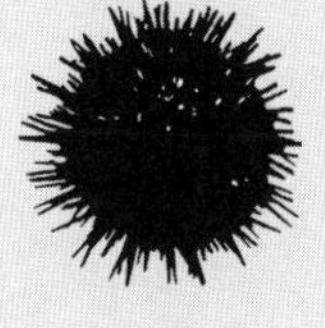

キタムラサキウニ

食欲旺盛で、活発に移動する。東北から北海道にかけて生息しており、海藻やロープにまで登るほどアグレッシブな性格。一部地域では駆除対象になっている。

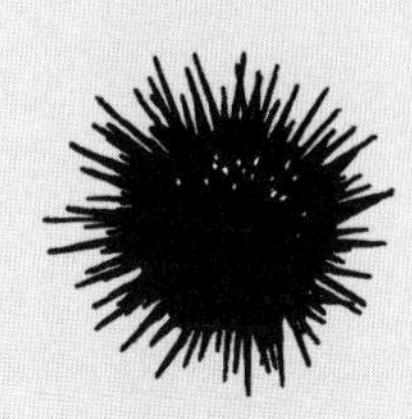

ムラサキウニ

国内で最も流通しているウニで、生息範囲も富山から九州にかけてとかなり広い。食用として有名だが、地域によっては駆除対象にもなっている。

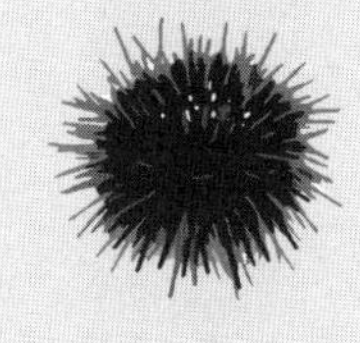

アカウニ

最も希少価値の高いウニのひとつ。暖かい地域に生息しているが、近年の海藻減少に伴い、育ちが悪くなっている。一般に流通することはほとんどない。

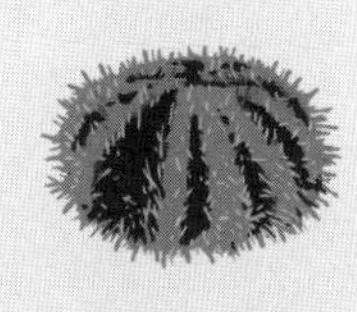

シラヒゲウニ

九州から沖縄などの亜熱帯に生息しており、暖かい海域を好む種類。青と白のストライプ模様が特徴的だ。

エゾバフンウニ

東北から北にかけて生息。北海道の一部地域では駆除対象になっている。食用に出回っているが、磯焼けの原因と危惧されることも。

季節によって味が変化すると書いたが、その代表的なウニがバフンウニ。高級ウニとして名高いにもかかわらず、東北ではほぼ漁獲されない。その理由は〝苦い〟から。ウニに対して苦いというイメージがなかったので、私も初めて聞いたときは半信半疑だった。

その原因が調査されたところ、冬から春の繁殖期にかけてメスの生殖腺に苦味成分が現れるということだった。繁殖期を終えると苦味はなくなるが、ほかのウニは繁殖期が漁獲の最盛期で最もおいしいとされているので、バフンウニはほかのウニと異なる生態ということが分かる。ちなみに、バフンウニ以外の種は繁殖期だからといって苦味が出るわけではないので、同じウニといえどもそれぞれ違いがあるのだ。

東北ではそうした理由から不味いと思われているバフンウニだが、別の地域では偶然獲る時期が良かったのか、美味しいウニとして漁獲されている違いがあるのも面白い。

そして、食べられはするが味がほかより劣るウニの代表がガンガゼだ。このウニは、ほかの食用ウニに比べると生臭みを含んでおり、一部地域を除くとほぼ食用にされていない。私も試しに食べたことはあるものの、やはりほかのウニのほうがおいしいのは否定できない。

最近ではこのガンガゼにブロッコリーなどを与えて味を良くしようという試みも実施されているので、今後ガンガゼがウニ界でどのような立ち位置を獲得するのか、実はひそかに楽しみにしている。このように、数あるウニのなかでも食べられるウニはほんのわずかであり、そのなかでも利用価値に差が生まれるシビアな世界なのだ。

さらに、ウニは魚のように獲ったらそのまま出荷して終わり！というわけにはいかず、むしろ漁獲してからが本番といってもいい。トゲの付いた殻を割り、中から可食部の生殖腺をていねいに取り出し、内臓などの不純物をピンセットで取り除き、初めて商品となる。

その労力が恐ろしいほど大変で、私が初めて挑戦したときは100匹のウニから身を取り出すのに15時間もかかり、ウニが高価である理由を体感することになった。

そして、もうひとつ重要な条件が〝1匹から取れる身の量〟。ウニの身がどれだけ詰まっているかは割らないと分からないので、ウニを割りながら「これは当たりだ！」「中身が空っぽの外れ……」と一喜一憂していると、ゲームでガチャを回している気分になってくる。

当然、当たりが多いほど売上も上がるので、中身が詰まっているかどうかは漁業者にとって最重要事項になってくる。おいしいウニもそうでないウニも、剥く作業にかかる手間は同じ。そうであれば、当然おいしくて身の詰まったウニを漁獲したいと思うのが人間の性。そんな当たりが多い場所こそが、餌となる海藻がたくさん生えている海域となっているのだ。

ウニ駆除の意義を探して

この章の冒頭で触れたとおり、食用とされるウニは確かに海藻を好んで食べる。しかし、ガンガゼは海藻が元々少ない場所で見かけることが多く、海藻を食べるという印象はまったくないのだ。

ダイビングをしているときに注意深く見ているからこそ、なおさらそう感じたし、何よりガンガゼが海藻を食べている姿を見たこともない。

もし本当にガンガゼが海藻を食べ尽くすほど好んでいるのなら、一度くらい海藻をくわえているガンガゼを見かけてもよさそうだが、約20年に及ぶダイビング人生でいまだそのような光景を見たことがない。

しかし一方で、ガンガゼの消化管の内容物からは、確かに海藻が出てくるという不思議。どうしても海藻を食べていると納得することができない私は、答えの出ないループに迷い込んでいった。

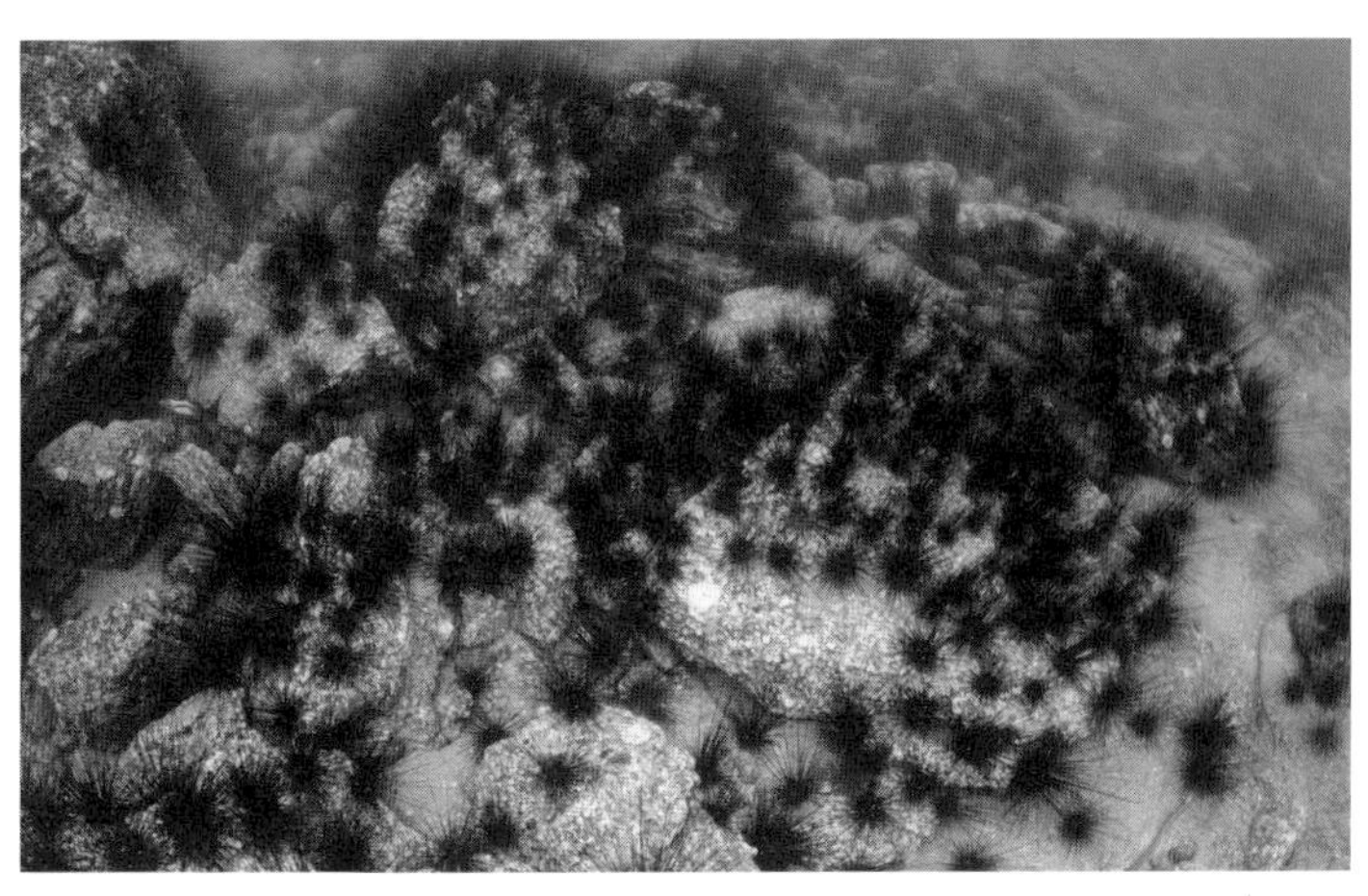
数えきれないほどのガンガゼが海底を占拠している。

初めてのウニ駆除のあと、大量にいたガンガゼは大きく数を減らしたが、結局「駆除の効果で海藻が回復した」という報告を受けることはなかった。私自身も、そこで潜っていても特に海藻が増えたという印象も受けなかった。

「本当にウニ駆除は必要なのか？」

そんな疑問が、ずっと頭の片隅に引っかかっていた。駆除したことによる罪悪感もあり、ウニ駆除という行為に疑念を抱きつづけていたが、その転機が数年後にやってきた。

さまざまな場所で潜っていた私に、別の漁協から磯焼け対策への協力要請があったのだ。

初めてその場所で潜ってまず驚いたのがガ

ンガゼの量。体を着底させる場所もないほど、海底をびっしりと埋め尽くすガンガゼたち！こんな大量のガンガゼは見たことがない。確かにこれだけいれば何かしら影響がありそうだ。その地区では、春になると今でも箱メガネを使って船の上からウニ漁が盛んに行われている。獲られているのはムラサキウニ。駆除対象にしている地域もあるが、この地域では重要な水産資源として利用されている。

しかし、海藻が減ったことで年々ムラサキウニの身入りは悪くなり、身のまわりにあった海の資源が失われていく危機感を、ウニ漁師たちは肌で感じているようだった。平均年齢はおよそ70代という高齢化と、担い手不足が進む小さな漁村。年配の漁師たちが口をそろえて「昔はもっと海藻が生えていたのに」「もっとウニの身入りや魚も多かったのに」と、寂しそうに語る姿を見て、私はなんともいえない気持ちになった。

こうして、漁業者からの協力要請を再び受けた私は、あの日の疑問を自分自身で確かめたいと思い、ウニ駆除の意義を探し磯焼けからの回復を目指す挑戦が始まったのだった。

第2章

食い止めろ！
海の砂漠化〝磯焼け〟

海の砂漠化〟磯焼け〟

海の砂漠化と例えられる〟磯焼け〟という言葉は、簡単にいえば海藻の森と呼ばれる〟藻場〟がなくなる現象のことだ。

みなさんは、磯焼けの原因といわれているウニ類を、キャベツなどの廃棄野菜で育てるニュースが、かつて話題になったのをご存じだろうか。磯焼けした場所で暮らしているウニは、海藻がないので身が痩せてしまい、駆除する以外に道はない。しかし、各地で廃棄されるような野菜を使ってウニを育てられれば、市場に出せるウニに成長し、さらには廃棄野菜もなくなるという、まさに夢のような取り組みなのだ。

藻場は、ワカメやコンブ、ホンダワラ類などの大型海藻で構成される海藻の群落を指すことが多い。しかし、磯焼けが顕著な場所では大型海藻のみならず、テングサやアオサ類をはじめとした小型海藻もほとんど生えていない。まさに海の砂漠と化した場所もある。

何ヶ所かそのような場所で潜ったが、私が初めて本格的に磯焼けした海域を見たのは大学

磯焼けした海底の様子。小さな海藻すら付着しておらず岩がむき出しになっている。

を卒業して水族館の飼育員になった2007年ごろのことだった。

場所は長崎県長崎市にある外海町（そとめちょう）の沿岸。海中にどんな光景が広がっているかウキウキしながら潜った私を待っていたのは、大きな岩が無機質に転がっている味気ない光景だった。

私が今まで見てきた海は、ほとんどの場合、海中の岩には海藻や付着生物が付いていた。そのせいで全体的に茶色っぽかったり、若干色づいて見えるのが私にとっては普通の景色だった。

しかし、そこは付着物がほとんどないので、岩の表面が完全に露出し白っぽく見え、なんとも異様な光景に見えた。

それを見た瞬間、「これが磯焼けか！」とすぐにピンときた。当然ながら魚の数も少なく、これまで潜ったどの海よりも寂しさを感じたことを覚えている。その海から上がり、帰り支度をしていると、地元の方が話しかけてきた。話を聞くと、この場所はかつては船が通れないほど海藻が繁茂していたそうだ。ほんの20年ほど前の話である。

現在も磯焼けは日本各地の海で広がりを見せ、重大な環境問題として危惧されている。環境問題、と書いてしまうと自分の生活とは遠い場所で起きている変化、くらいに思う人もいるのかもしれない。

しかし、磯焼けが起きた場所は生物の多様性が失われてしまうため、巡り巡って私たちの食の問題にも繋がることになる。例えば、近年サンマの漁獲量が年々減少していることが挙げられるだろう。過去には年間の水揚げ量が30万トンを超えるサンマが漁獲されていたのに、今やその数は5万トンを切るようになってしまった。今はまだ、お店で見かけることもあるので、危機感としては低いかもしれないが、数年後にはどうなっているか分からない。

また、磯焼けは日本のみならず、海外でも問題となっており、今や世界中で危惧される海の環境問題となっている。ちなみに、磯焼けが日本で問題視されはじめたのは、なんと1970年ごろからだそうだ。

もうかれこれ50年も前から起きていることに少し驚きを感じるが、当時は沿岸の埋め立てや開発により、海藻が育つ浅海域がどんどん失われたことが大きな影響を与えていたようだ。妙な感じだが、確かに海が陸になってしまった場所も、海で暮らす生き物たちにとっては磯焼けした場所とそう変わらないのだろう。

しかし、藻場が消えるそのほかの原因については、地域による環境差もあるため、一概にこれだ！と一括りにできない難しさがある。

水温の変化、ウニをはじめとした藻食性生物による食害、海の貧栄養化、陸域の森不足、生活排水の増加、農薬や除草剤などの化学物質による影響など、さまざまな原因が候補に挙げられる。しかし、実際のところ、どれかひとつが原因ということではなく、恐らくこうした問題が複合的に絡み合った結果が磯焼けに繋がっているのだろう。

分かりやすく例えるなら、人間の健康的な生活について考えたときに、睡眠や食事、適度な運動、ストレスの解消……などたくさんの要素が挙げられるが、どれかひとつを満たせば健康になるよね、ということではなく生活の中でのバランスが大事になってくるし、そもそも人それぞれの問題に合わせて解決していく必要がある。

なんにせよ、さまざまな水産資源の漁獲量の減少などが危惧されている現代において、磯焼け防止と藻場の再生は日本の水産上から見ても重要な課題となっている。

海のオアシス〝藻場〟

コンブやホンダワラ類をはじめとした大型海藻の群落は〝藻場〟と表現される。海の森とも例えられるが、個人的には「森」というより「ジャングル」のほうがしっくりくる。

それくらい、海の環境にとって藻場がもたらす多様性や生産性は大きい。アワビやサザエ、ウニなどがよく育つことはもちろん、幼魚が集まる海のゆりかごにもなっているし、それらを狙って大型の魚たちが集まる場所にもなる。

海藻の表面を虫メガネでじっくり観察すると、海藻の上で腹筋運動を繰り返しているようなワレカラや、まるでダンゴムシのような姿をしたコツブムシの存在、粘液と泥で作られたツツムシたちの住宅街があることにも気付くだろう。そうした海藻とともに暮らす無数の小動物たちが、藻場にやってくる魚たちのごはんとなっているのだ。

そして、藻場は生き物が育つ場所だけでなく、子どもを残すための産場にもなっている。先ほど紹介したサンマのほか、ニシン、ハタハタ、アイナメやクジメ、さらにはトビウオ

豊かな藻場には多くの生き物が集まる。

までも海藻に卵を産む。魚以外にも、アオリイカやコウイカなどのイカ類にとっても重要な産卵場となる。

さらに、アメフラシをはじめとした貝類や、直接的に人が利用していない小型生物を含めれば多種多様な海の生き物たちが海藻の中で成長するサイクルを繰り返しているのである。

藻場が沿岸付近にしかできないと思っている人も多いが、それは大きな間違い! 実は藻場は遥か深海にまで届くのである。もちろん、光が届かない深海に海藻が育つことはありえない。育ちはしないが、ちゃんと深海にも影響を与える存在であることを紹介しよう。

海藻が育つ環境は種類によって違いはあるものの、どんなに頑張っても水深20～30メートル付近が限界だ。では、なぜ藻場が深海にできるのかというと、それは藻場を構成する海藻が〝旅〟をするからだ。そう、〝流れ藻〟である。流れ藻とは、沿岸で育った海藻がちぎれて海面などを漂っている状態を指す。植物であれば「地面から根が離れる＝枯れる」ということになるだろうが、海藻はそうではない。なぜなら、海藻には根がないからだ。つまり、海藻は海底に〝くっついているだけ〟なのである。

そのくっついている海藻の根元部分は、付着器または仮根（かこん）などと呼ばれている。植物の根のように、そこから栄養を吸収しているわけではないので、海藻はちぎれてしまっても実は何も問題ないのである。

そのため、流れ藻となったあとも海藻は生きているし、種類によっては流れながら生長することもできる。まるでさすらいの旅人のように、流れに身を任せる流れ藻のおかげで、海は豊かになっていくのだ。

海面を漂う流れ藻は主にアカモクをはじめとしたホンダワラ類で構成されている。この種類は長く伸びる体を支えるために〝気胞〟と呼ばれる浮袋をもち、流れ藻となった際にはそれらが浮き輪の役目を果たし、海面を漂うことができるのだ。

しかし、およそ3ヶ月もすればそうした流れ藻たちも寿命を迎え、最後は気胞が割れて海

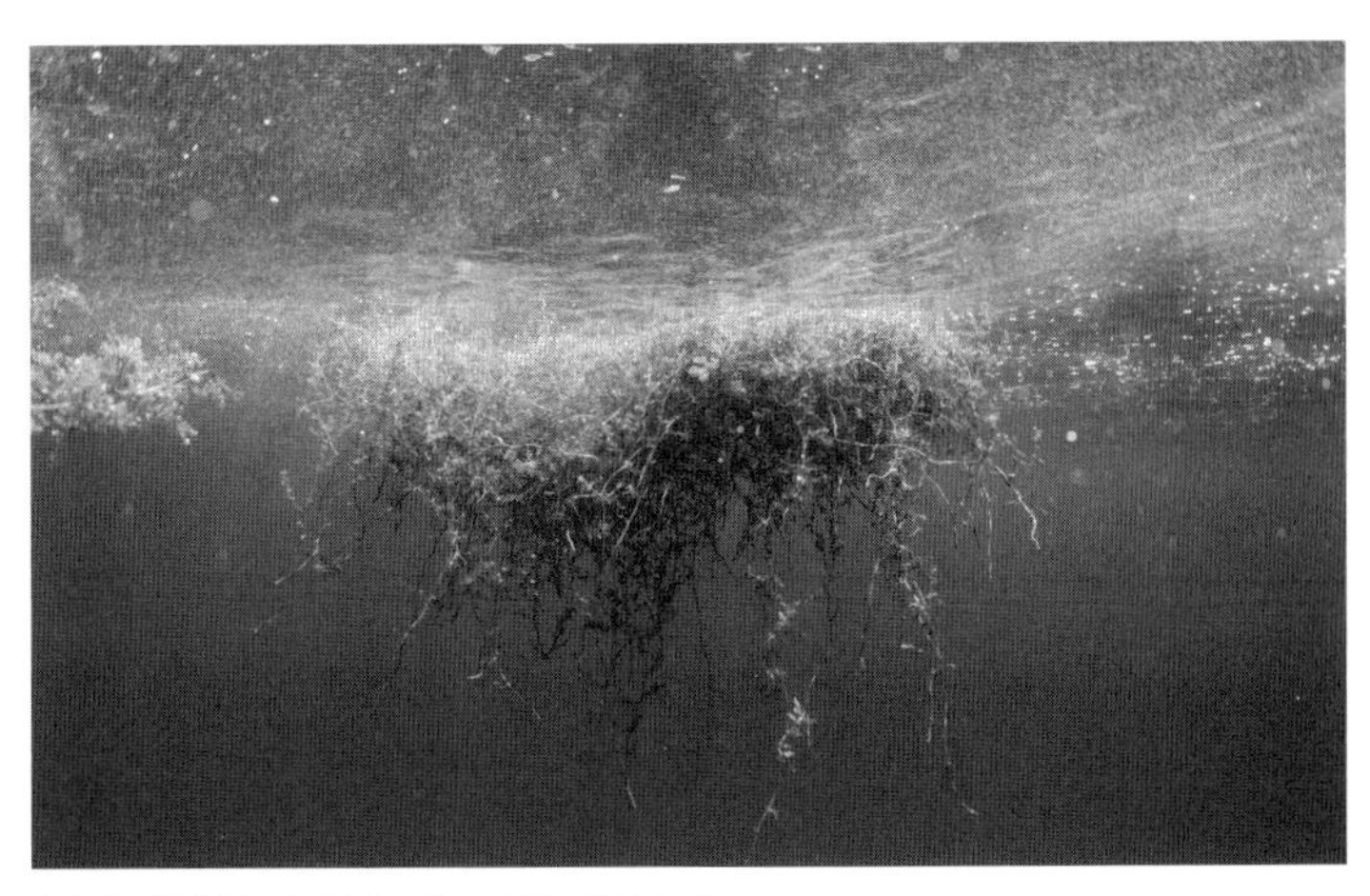
流れ藻は海を漂いながら生き物の成長を助けている。

に沈んでいく。沿岸から遥か沖で沈めば、たどり着く先は深海だ。

そのため、流れ藻が多い時期になると深海には沈んだ流れ藻が溜まる〝藻場〟ができるわけだ。長く海面を旅した海藻たちには、前述したような小さな小動物はもちろん、エボシガイなどの、漂流している物に付着する生き物もたくさん付いているだろう。それらが海藻とともに餌環境の乏しい深海に届けられるのだから、きっと深海生物たちにとっては空から降ってくる恵みとなっているはずだ。

このように、藻場という存在は沿岸から深海まであらゆる海の生き物たちに大きな影響を与える重要な存在なのだ。

海の生き物相関図

弱肉強食の自然界だが、食べるか食べられるかだけでは語れない！　時には助け合い、お互いをうまく活用しながら生きていく、たくましい生き物たち。著者がウニ駆除を通して見つけた、彼らの生態を紹介する。

イカ

長崎で親しまれているアオリイカやコウイカは海藻に産卵する。生まれたばかりのイカは小魚に狙われてしまうが、その危機を乗り切って成長すると、ついに魚を捕まえて食べるようになる。また、イカは光に集まる走光性という性質をもっているので、夜に海面へと光を当てると勝手に船の中へ飛び込んでくるという、ラッキーな現象が起こることもある。

魚

本当はウニが大好物の魚たちだが、鋭いトゲに阻まれていつもは捕食できない。しかし、ウニ駆除を開始すると形勢逆転。割ったそばからウニビュッフェが始まる。なかには、ウニのトゲが顔に刺さっているにもかかわらず、食べつづけるものもいる。生まれたばかりのイカも好物で、イカの産卵ショーの時期には小魚たちがやってくる。

エサ場

食べる

産卵

ウニ

本来は、海底に生える海藻を適度に食べて間引いてくれるので、新しい海藻が育つ土地をきれいにしてくれる存在。例えるなら、海のルンバといったところ。ただ、近年ウニが増えすぎた場所では、まだ育ち切っていない海藻やサンゴ、岩などを食べるようになってしまった。その結果、多くの海域で、磯焼けの原因のひとつとなっている。

ウニに棲む生き物も!

ガンガゼカクレエビ（左）やハシナガウバウオ（下）は、ガンガゼのトゲに擬態しながら生活している。

※著者が活動している海域での様子なので、すべての海に共通するわけではありません。

人間が食べてもおいしい甲殻類は、海の中でも大人気！　そのため、イカからもタコからも狙われてしまう。身を隠すため、岩の隙間や石の下など狭いところを好んで暮らす。ワタリガニの稚ガニは流れ藻を利用して成長する。

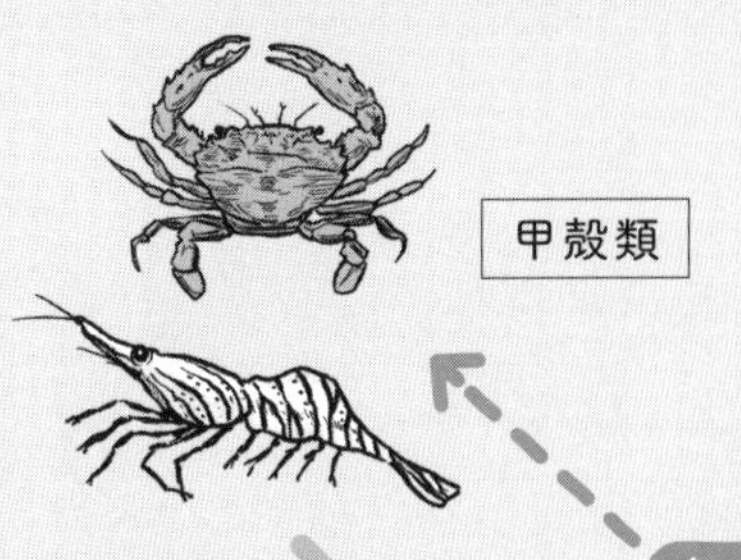

甲殻類

食べる

食べる

住処

タコ

イカと並ぶ頭足類の仲間。非常に賢く、岩場に隠れた甲殻類を見つけると、8本の足をさまざまな方向から差し込んで追い詰めていく。足には吸盤が付いているので、目で確認しなくても餌を捕まえることができる。タコの目は横に細長いイメージを持っている人が多いと思うが、実はあの姿は目を細めている状態だ。夜中に狩りをしているタコは目が真四角になるので、その印象はガラリと変わるだろう。

海藻

地上でいう森のような存在であり、海に欠かせない存在。人間界で例えると、食料付きの住居のような場所なので、海藻が生えなくなるとほかの生き物たちが暮らせなくなってしまう。一部の海藻では、早い段階で魚に食べられすぎると、茎が硬くなったりトゲが大きくなったりという変化が起きる。自衛のために食べられづらくしているのかもしれない。

食べる

貝

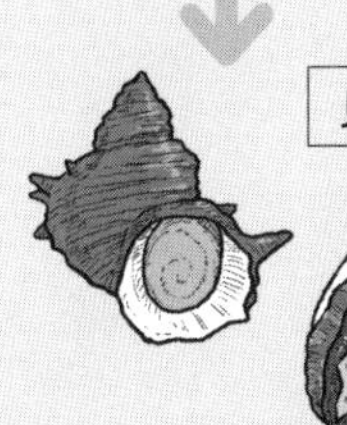

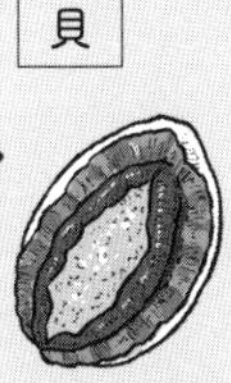

食べる

ウニと並んで、海の中を掃除してくれる存在。死んだ魚を処理する貝もいるので、水質を安定させてくれる役割もある。水族館の水槽に貝が一緒に入っているのも、掃除の回数が減らせるから。海の中では、漁業的に高値で取引されるものが多い。

カラフルな海の世界

私の父方の家系は漁師だった。長崎の北部に位置する松浦市、そこから数キロメートル沖にある青島という小さな島が父の故郷だ。祖父母の家のまわりは小さな通りを挟んで民家が立ち並び、通りには常に魚の匂いと磯の香りがうっすら漂っている。そんな絵に描いたような漁師町そのものだった。

小学生のころまでは、夏休みは必ずそんな父の実家に帰省していた。今では毎日潜っても飽きないくらい海が大好きな私にとって、そんな祖父母の家に帰省する日がとても楽しみだった……わけではない。

生き物好きのエピソードといえば、子どものころは毎日虫採りや釣り三昧で自然と触れ合っていた、というのが王道だと思う。しかし、当時の私は何を隠そう、三度の飯よりゲーム好きな子どもだった。もちろん今でも大好きである！

毎日何時間も遊んで、親にゲームを隠されるのなんて日常茶飯事。親からは将来ゲームのメーカーに就職するのだろうと本気で思われているような子どもだった。

そんな子どもがゲームができない島に向かうことを楽しみに思えるわけもなく、島はどちらかといえば退屈な場所だったのである。

祖父母の家から歩いて数分の場所にはとてもきれいな砂浜があり、海水浴場にもなっていたのだが、私はそこで泳ぐのが好きではなかった。〝お盆を過ぎるとクラゲが出る〟というのは、よく聞く話だが、私が祖父母の家に行くのは、ちょうどお盆のころだったのだ。

みなさんはご存じだろうか。砂浜には刺すタイプのクラゲの出現率がめちゃくちゃ高いのだ。おそらく、砂浜は潮の流れが穏やかな場所が多いため、クラゲがとどまりやすい地形になっているのだと思う。

海パン一丁で泳ぐ子どもにとって、クラゲの存在は泳ぐのが嫌いになるのに十分すぎる理由だった。刺されるたびに手足やお腹まわりにミミズ腫れができて、痛いし痒いし海で泳ぐたびにガチ萎えである。

今だからこそ分かるが、そのクラゲの正体はアンドンクラゲだった。強力な毒針が仕込まれた4本の細長い触手をなびかせ、集団で泳ぎ回っているクラゲだ。1匹見かければ1000匹はいると思ったほうが良い！　体が透明で見えづらいため、よほど用心していないと存在に気付くより先に刺されてしまう。ゲームに登場すればさぞ嫌われるモンスターになるだろう。

そんなアンドンクラゲだが、姿が見えづらいので、たいていは近くにいるミズクラゲが冤罪を被ることになる。

今思い返せば少し特殊な環境だったな、と思うのだが漁師の家系ということもあり、海水浴に行くときにはマスクとシュノーケルが必須アイテムだった。海に行ったらはしゃぐのではなく、「水中にいる生き物を楽しめ」と言われていたので、おそらくみなさんが考えている海水浴とはまったく違うものだろう。

しかし、海の中に潜っても、そこに広がっているのは殺風景で静かな海。水中にいる生き物を楽しめるほど魅力的な場所ではなかった。先ほども書いたようにクラゲはいるし、砂に隠れていたシタビラメを踏みつけたときは、足の裏にヌルッとした不気味な感覚に毎度驚かされるし、イシダイの子どもに乳首をかじられることもあったので内心うんざりしていた。

話は少し逸れるが、海上自衛官だった父に連れられて、小学4年生のころに施設内にある水深3メートルはあるプールに行くことになった。プールとはいっても、浮き輪やボールで遊んだり、水が流れているわけではない。ただ、水深3メートルで水底まで梯子（はしご）がかかっているだけの、簡素なプールだった。

そこで父に教えられたのは、「一番下まで潜るなら、耳抜きができるようにならないといけないぞ」ということだった。兄弟と一緒だったこともあり、誰が一番早く耳抜きができるようになるか、そして誰が一番長く立ち泳ぎで水面に浮かんでいられるかというのを競争していた記憶もある。遊び半分で始めたこの準備が、私を信じられないような景色に連れていってくれることになるなんて、このときには思いもしなかった。

小学5年生になり、またいつものように海水浴に行くのか……と気落ちしていると、父が「今日は磯に行ってみよう」と提案してきた。いつもとは違う展開に心を躍らせながら、岩の斜面を慎重に降り、やっとの思いで波打ち際までたどり着くと、「そのまま思いっきり飛び込んでみろ！」という父の声が聞こえた。

少し怖いけど、ワクワクするようなあの不思議な感覚は今でも忘れない。海の中に飛び込むと、そこには今まで見たこともない景色が広がっていた。手の届く距離を悠々と泳ぐさまざまな種類の魚たち。その魚に見とれていると、まるで森のように広がっているコンブが視界いっぱいに映り込む。

波が寄せるたびに右へ左へと揺れるコンブたち。その周囲をベラやスズメダイといった釣りでおなじみの小魚たちが無数に泳ぎ回っていた。コンブの隙間から顔を覗かせるイシダイの姿もある。

あぁ、なんて楽しいんだろう！

まるで竜宮城に来たんじゃないかと錯覚するくらい、鮮やかでカラフルな海の世界を知って、私はすっかり磯の虜になった。もう海水浴場では満足できない体になってしまったのだ。今の私があるのは確実にこのときの経験があったからだと断言できる。

父がどの程度の考えをもって、私たち兄弟を水深3メートルのプールに連れていったのかは分からない。しかし、耳抜きができるようになり、立ち泳ぎで1時間は浮いていられるという特技を身につけてからは、積極的に磯で潜るようになっていった。銛で魚を突いたり、サザエやアワビを獲ってみたりと海での遊びの幅がグッと広がった。最初に言われていた「水中にいる生き物を楽しめ」という教えも、このときには実感を伴っていた。

念のため説明しておくが、もちろん一般の人がサザエやアワビを獲ると密漁になってしまう。私の場合は、祖父母がタコやサザエ、アワビを獲る海士をしていたので、仕事の手伝いとして許されていたのだ。なので、みなさんは決してマネすることがないように！ いくら子どもといえども立派な密漁になるので、注意してほしい。

コンブが消えてアワビも消えた

いくらプールで3メートル潜れたからといっても、それは梯子を使ったからできた話。実際、海底に潜ろうと思ってもこれがかなり難しい。獲物はいるはずなのに、潜れないもどかしさでやきもきしていると、父から「コンブを摑め！」というアドバイスが飛んできた。

それを聞いて、コンブを摑んだってすぐに抜けてしまうだろうし、体を支えることなんてできるわけがないと思った。しかし、試しにコンブを手のひらでギュッと摑んでみる……。すると、私の想像とは違って、がっちりと岩に張り付いているコンブはまったく抜ける様子がない。あとから聞いた話だが、大人でも引き抜くには相当力を込めないと難しいという。

海底を覆い尽くすコンブの森に向かって一息で潜り、その葉を掻き分け、浮きそうになったら根元を力一杯摑む！　すると、体をグッと海底に引き寄せることができた！　移動する際にはコンブの根元伝いに海底を這うように泳ぎ回る。父のアドバイスを実践した途端、今までコンブの陰で見えなかったサザエやアワビが次々に見つかるようになった。

大人になり、さまざまな海域で潜るようになった今だからこそ分かるが、そのときに見た光景はその海が最も豊かだったときの姿に違いない。あれから30年、今ではコンブは激減し、わずかに残ったコンブも、力強かった根がすぐに抜けるほど弱々しくなっているという。そしてコンブの衰退とともに、アワビをはじめとした磯の水産資源はかなり少なくなった。

それは現在私が活動している地域においても起こっており、当時を知る漁業者はみな海の変貌ぶりを嘆いている。今から40年ほど前に脱サラして漁師になった方にも話を伺った。その当時は船を止めた真下に潜るだけで収穫カゴいっぱいのアワビが獲れたそうだ。さらには、漁師になって3年で家を建てたというのだから驚きである。まさにアメリカンドリームならぬ、アワビドリームな時代。

アワビがいなくなったのはそんなに獲ったせいだと思う方もいるだろうが、そうともいい切れない。確かに過度な漁獲圧の影響は少なくないが、アワビが減少した海域に数千匹の稚アワビを放流しても、1年後まで生き残っている数が極端に低いのだ。

今ではコンブだけでなくワカメやホンダワラなどの海藻が姿を消しつつある。磯焼けを解消し、消えた藻場を復活させることは水産上とても重要ではある。しかし、私は単純な理由として、願わくはもう一度、あの豊かだった海で思う存分ダイビングを楽しんでみたいのだ。

長崎の7つの海域

日本は北海道から沖縄まで南北に長いので、海の環境も氷点下から熱帯まで、ほとんどのバリエーションがそろっているといってもいい。さすがは世界有数の島国である。

同じ県内であっても数キロメートル離れるだけで海の環境はガラリと変わるのだから、日本全体で見れば磯焼けが起きる原因がまったく同じになるわけがない。重要なのは、その地域ごとに原因を絞り込み、対処していくことだと私は考えている。私が活動している長崎の海を例に出そう。

長崎の海を、①東シナ海側に面する角力灘（すもうなだ）、②海上空港やハウステンボスがある大村湾、③アメリカ海軍基地がある佐世保湾・九十九島、④広大な干潟や干拓堤防でも知られる有明海、⑤天草と島原の間にある天草灘、⑥長崎県北部の日本海に変わる海域、⑦五島や壱岐・対馬などの離島海域に分類したものが左の図だ。

長崎の海MAP

①角力灘

長崎市本土から五島にかけて広がる海域。黒潮から分岐した対馬暖流が流れ込む、温かい潮の影響を受けている開かれた海。

②大村湾

長崎県の中央にある、湖のような海域。主な湾の出入り口は1ヶ所しかないため、日本国内有数の超閉鎖性海域である。基本的に浅瀬が多く、外海に比べると穏やかなことが多い。別名：ことのうみ。

③佐世保湾・九十九島

大村湾と角力灘に通じる海。大村湾の出入り口側は、渦潮ができるほど潮流が速い。しかし、入り江は波が抑えられ穏やかな港になっている。九十九島には小さな無人島もある。穏やかな海なので海藻も豊富に生えている。

④有明海

日本最大級の干潟を有する海。ムツゴロウやワラスボなど、独自の生き物が生息している。干潟が中心なので、海藻の生える岩礁域は比較的少ない。そのため、ウニも少ない。

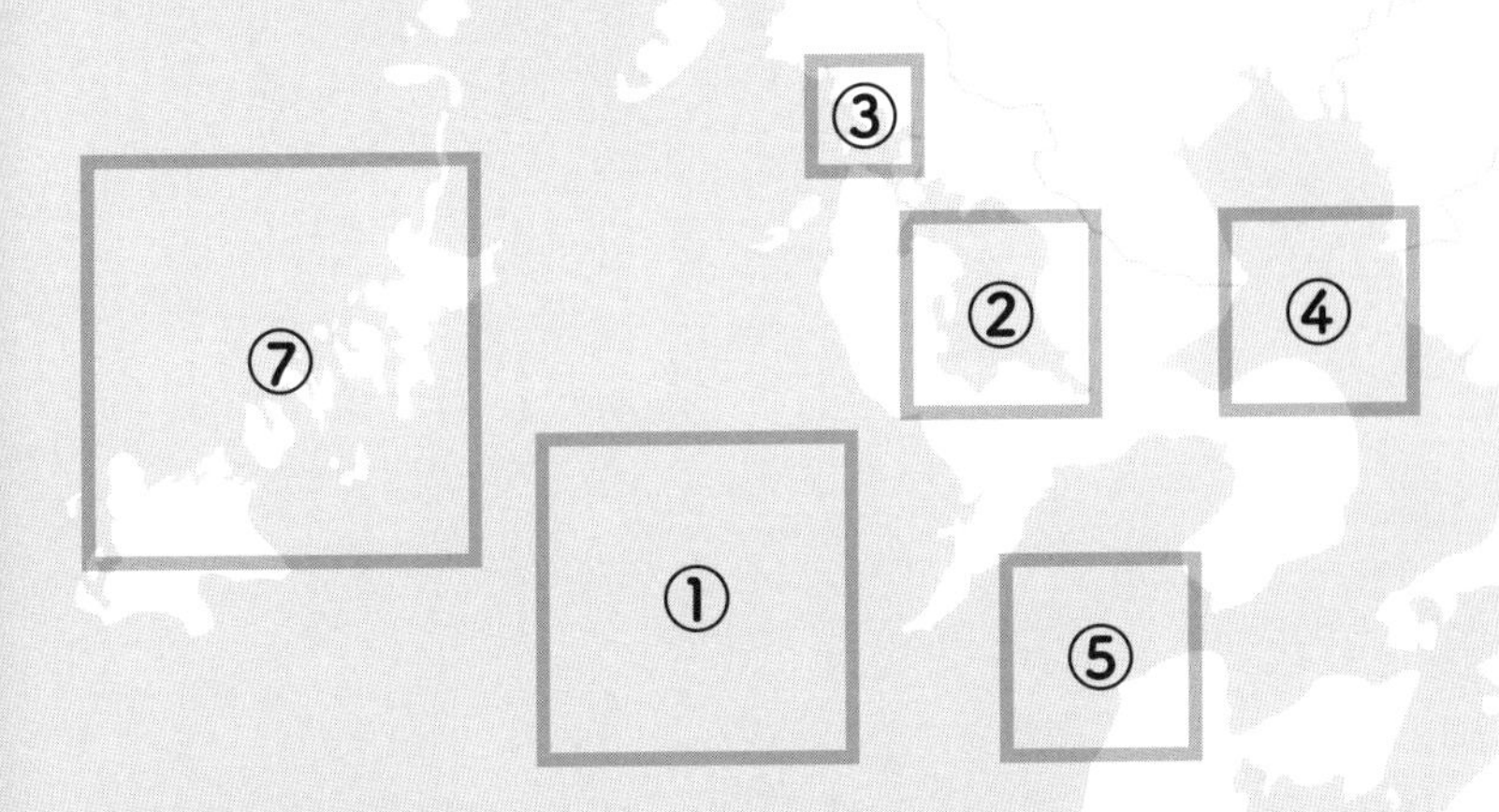

⑤天草灘

長崎と熊本の間に位置し、有明海と外洋を繋ぐ海域。潮の流れが非常に速く、底引き網漁などの漁業も盛んに行われている。生き物が多く集まる場所でもあり、長崎の島原沿岸には、コンブ類が生える希少な場所もある。

⑥日本海

元々は素潜り漁や、アワビ漁、サザエ漁が盛んに行われていたが、ワカメやコンブ類の減少に伴って磯焼けも進行している。水温は南部と比較すると低い。

⑦離島海域

五島列島、壱岐・対馬から島周辺の海域。対馬暖流の影響を強く受ける場所で、魚も豊富だったが近年は磯焼けが進行しているところが多く、ガンガゼも多く生息している。

このように、非常に多くの海域によって長崎の海は構成されている。そしてどの海域においても、近年は大なり小なり磯焼け問題が起きている。

私が本書で取り上げているウニ駆除については、長崎市の東シナ海側にあたる角力灘、つまりは外洋域における磯焼け対策が中心となっているが、同じく海藻の減少が問題視されている大村湾とはまったく環境が異なっているので、磯焼けの原因は違うだろう。

大村湾と外海側では、海の透明度、藻場を構成する海藻の種類、生息する魚類、沿岸域の底質環境、年間を通した水温の変化など、とにかく全然違う海なのだ。陸を通ればたった数キロメートル程度しか離れていないにもかかわらずである。こうした環境の違いをすべて無視して磯焼けの原因を一括りにしてしまっていては、解決は遠のくばかり。

磯焼けを解消するには、その原因を特定していく必要があるが、そのためにはまず、その海をよく知ることから始める必要があるのだ。

第 3 章

ドタバタすぎる ウニ駆除活動

たった一人のウニ駆除始動

初めてウニ駆除に参加したときは、本当に効果があるのか半信半疑だったが、磯焼けの原因を知りたかったことと、漁業者とダイバーの円滑な関係を保つために参加を決めた。しかし、実際に駆除が環境を好転させたのかどうか、ただの参加者には説明されるわけはなく、それまでのように海に潜っても磯焼けが改善したようにも思えない。

2018年。そんな私のもとに、ある朗報が届いた。

「藻場を守るための活動に力を貸してくれませんか?」

まったく別の漁協からのこの誘いは、私にとって願ってもいないチャンスだった。ウニ駆除が本当に海にとって必要なことなのか、適切なガンガゼの数はいったいどれくらいなのか。ウニと海藻、そして磯焼けとの関係性を自分の目で確かめたいと思っていたからだ。ガンガゼや海藻の変化が観察しやすい場所を自分でピックアップすることも快諾いただき、ついに自身が中心となってウニ駆除へと取りかかることになった。

ところで、私のYouTubeでは「ガンガゼはウニじゃない」とコメントする人がそこそこいる。しかし、ガンガゼもウニの仲間であり、私のウニ駆除活動はガンガゼが中心となっている。そのため、本書で、ウニ駆除という表現を使うときは、基本的には「ウニ＝ガンガゼ」と思っていただいて差し支えない。

駆除を実施するにあたり、まずは漁協と漁業者と綿密に話し合った。いくら駆除対象のウニとはいえ、勝手に駆除を始めては漁業の妨害と見なされたり、密漁者と勘違いされたりする可能性が十分にある。そもそも、漁協と無関係な人や知識の浅い人が好き勝手に獲ったり駆除を行ったりすれば、逆に漁業者が行っている保全活動に支障をきたすことになる。そうした事情もあり、駆除活動はあくまで漁協や漁業者が主体となり実施されているのだ。

その後、無事に話がまとまり、齢80を超える漁協の組合長から手製のハンマーを数本いただいた。ステンレス製で筒状の持ち手の先に、ウニが割りやすいようT字の薄い板が付いている。持ち手の中は空洞になっているため、見た目以上に軽くて振りやすい作りになっていた。

組合長が私の話を聞いて自ら溶接してくれたらしい。さながらウニ駆除を行うために与えられた武器、マスターソードである。4年以上使用しているが、いまだにこれより割りやすい武器に出合っていない。

この地区で漁協からのダイビング許可が下りているのは私一人だけ。だからこそ、ほかのダイバーが入ってくることはまずない。ダイビングをすること自体は法律で禁止されてはいないが、地元のルールや、海で活動する際に必要なマナーはあるのだ。ちなみに、想像しやすいところでいうと、海の中をガイドするツアーなども、事前に申請を出している場合がほとんどだ。

そして私が駆除する場所は、普段ツアーガイドが訪れるような所でもなく、漁業者たちが行っているウニ駆除活動のエリア外の場所。基本的に駆除活動は一人で行うことになるが、これがかえって好都合だった。

自分だけであれば、どこをどのくらい駆除したか把握することが容易になるし、比較や検証も簡単に行うことができる。それに、駆除する数や場所なども自分の好きなように調整できる。

もちろん地域によって異なるが、私の関わっている長崎の海では、一般的に漁師さんたちが行うウニ駆除は年間を通して3～5回くらい。実際に変化を追うならウニを減らしすぎるのも良くないので、私が行う頻度は月に1、2回行うことにした。

また、これと同時に3年は観察することも決めた。ウニの増減が与える影響を見るためには、季節的な変化を観察する必要があり、1年だけ見ても本当に海藻が育っていくのかという判断ができないからだ。

3年で結果が出なければ、磯焼けの原因がウニ以外にあることも考えられる。意味がないのであれば駆除を続けたくはないいし、何よりウニを好きで殺しているわけではない。

しかし、どうやって駆除後の経過を記録に残せばいいか。いくら駆除の効果が見えてきても、私の頭の中だけにしか残らないのでは説得力がまるでない。研究者でもないので、正しい段取りをつけて論文にまとめるというのも苦手だ。

そんな折、閃いたのが一大旋風を巻き起こしていたYouTubeでの発信だった！　ちょうどウニ駆除を始動する少し前から動画投稿をしていたことも幸いした。これなら記録を映像で残せるし、過去の状態も見返せる。

それに、多くの方に磯焼けの実態と保全活動について知ってもらえるし、私の動画をきっかけに、私なんかよりずっと頭の良い若者が将来的にウニ駆除よりも優れた保全方法を見出してくれるかもしれない！

そして何よりも助けになったのがYouTubeからの収益である！　このウニ駆除活動、実は完全に私の自費で行っているのである。漁業者がウニ駆除などの保全活動を実施する場合、基本的には国からの補助金を活用している。しかし、補助金を利用した取り組みは私がウニ駆除を始める前から実施されており、場所や頻度などの詳細がすでに決まっていた。

当初、漁業者から来た依頼はこの取り組みへの参加であり、もちろんそちらにも参加している。しかし、補助金を活用したウニ駆除だけでは、私が知りたかった実態を観察することはできない。場所や頻度を自分で考えたいという思いで、独自に行うことを漁業者に許可してもらったのだ。

なので、私が個人的に行っているウニ駆除の経費はすべて自費なのである。補助金を活用したウニ駆除であれば、日当として1～3万円くらいが支払われるのだが、自費でやれば当然1円も発生しない。

それどころか、海に潜るための水中ボンベ代は1本あたり2000円ほどかかるし、敵を倒せばお金が手に入るゲームのシステムのように、ウニを割ればお金が出てくるという仕様にもなっていない。

私にも養うべき家族がいるので、生活するためには無償で保全活動ばかりしているのも問題だ。自分の生活も守れぬ者に、環境保全活動は続けられないのだ！　動画制作の手間はかかるものの、YouTubeに動画をアップすれば、活動の発信・記録、そして活動費の捻出が可能になる。私の保全活動は完全にYouTubeと視聴者によって支えられているのだ。

かくして、たった一人のウニ駆除活動を記録するための「スイチャンネル」が始まったのである。

ウニ駆除アイテム

ウニ駆除に欠かせないアイテムたち。海に潜るときに気を付けていることや、意外と知られていない面白い知識を紹介。

水中マスク

水中で視界を確保するための必需品。著者は普段メガネをかけているので、水中マスクも度が調整してある。サイズが合っていないと水が入ってきてしまうので、ジャストサイズであることが大切。

シュノーケル

水面で、タンク内の空気を使わなくても呼吸ができるアイテム。水中へと潜る前に、活動場所を確認するときなどに便利。シュノーケルのまま水中に潜ると、息ができなくなるので注意。

ハンマー

組合長からいただいたお手製のハンマー（通称：マスターソード）。ステンレス製だが、中が空洞なのでとても軽い。先端がT字になっているので、狭い場所にいるウニを掻き出せるところがお気に入り。

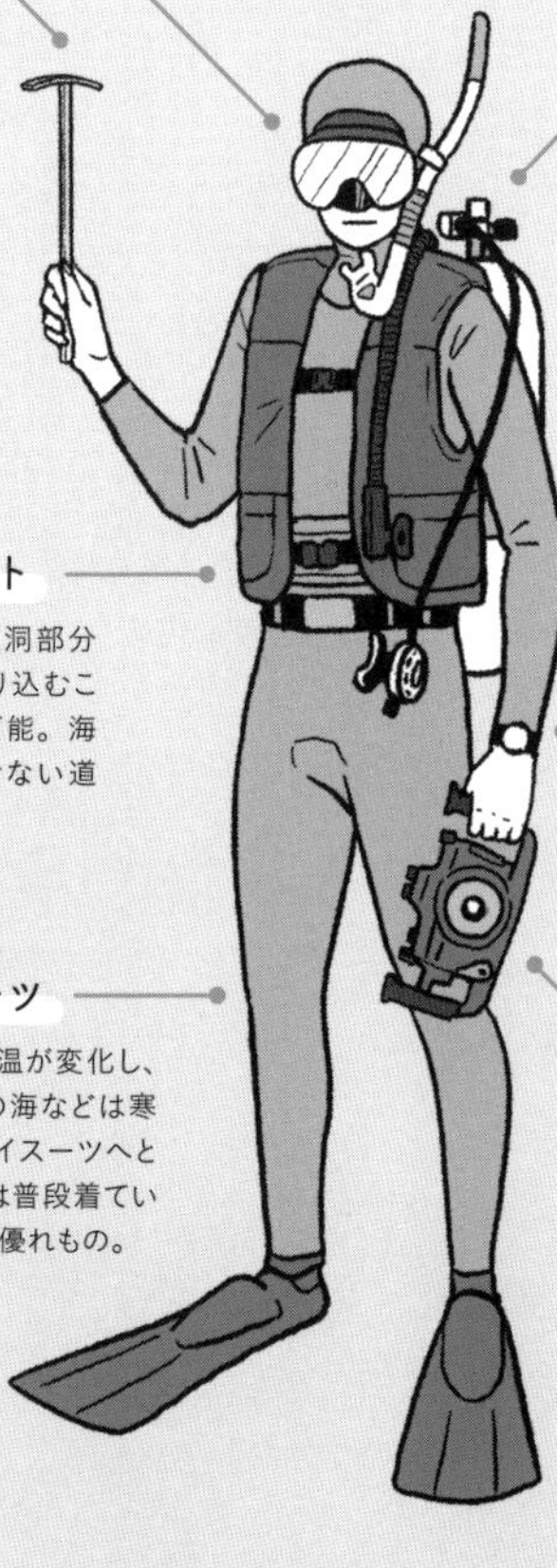

水中ボンベ

水中ボンベの中にある空気を、レギュレーターを通して吸うことで息ができる道具。酸素ボンベと間違えられることが多いが、私たちのまわりにある空気と同じものが入っている。

BCDジャケット

海中では、ジャケットの空洞部分に水中ボンベの空気を送り込むことで、自在に浮力を調整可能。海中の上下移動には欠かせない道具。

ダイブコンピューター

潜水時間や水深、水温などを記録でき、ログを残しておくことが可能。また、体に窒素が溜まると減圧症になるリスクが高まるが、それを防ぐために体内の窒素量や適切な潜水時間などを教えてくれる。

ウェットスーツ

厚さによって耐えられる水温が変化し、厚いほど温かくなる。冬の海などは寒さに耐えられないのでドライスーツへと切り替える。ドライスーツは普段着ている衣服の上から着用できる優れもの。

水中カメラ

手持ちの一眼レフカメラを、ハウジングと呼ばれるケースにセットするだけで海へと持ち込める。カメラは、4K画質に対応しているソニーのα7Cを使用。総額100万円以上かけて、水中用にカスタマイズした。

ウニ駆除の流れ

前日の夜

①作業ポイントのチェック

海流や天候などを確認して、駆除するエリアを決定する。天候が悪ければ無理をしないで次回に持ち越す。

当日

②船を出す

船にはGPSがあるので、前回と同じ場所から駆除が可能。海中の地形を覚えている場所は、感覚だけでもたどり着ける。船でポイントまで移動し、ダイブする。

③海の様子を撮影

駆除前にどれだけウニがいるのかを確認するために、撮影は欠かせない。海藻の育ち具合もチェックする。

④ウニ駆除スタート

駆除が順調に進んでいると、回数を重ねるごとに駆除する数は減っていく。しかし、それでも1回の駆除で100匹を下回ることはない。

⑤引き上げ準備

空気の残量が50になったら駆除終了の合図。大体、駆除にさける時間は1時間〜1時間半程度。船に引き上げる準備を進める。

⑥駆除後の海を撮影

駆除の進捗を記録。ウニの数の推移を把握し、次回の作業ポイントの参考にする。

後日

⑦動画編集

編集作業はほぼ丸一日パソコンとにらめっこ。駆除理由や、海の変化などをテロップで入れるよう心がけている。

クエストクリア

餌付けはいったい誰のため？

ウニ駆除を始めてまず困ったことは、ウニを割ると魚たちが中の身を食べに集まってくること。ダイビングといえば、魚肉ソーセージなどを魚たちに餌付けしていることがあるが、あれは賛否が分かれる行為で、近年ではむしろ好ましくないと考えられている。これは陸上の野生生物に対する餌付けの考えと同じで、本来の生態を歪めてしまう危険性があるからだ。私も以前、餌付けダイビングが行われている海域で潜ったことがあるが、そのときに見た魚たちがまぁ凄かった！　何が凄かったかというと……餌付けされていない場所の同じ魚に比べて肥満気味に見えたのである。さらに体の表面に艶がなく、不健康そうに見えた。おそらく魚肉ソーセージなどは、魚たちにとって健康的な食事ではないのだろう。

そうした餌付けによる魚たちの体調の変化は、水族館でも見ることができた。水族館で利用される餌はマアジやオキアミ、イカナゴなど、その地域で最も入手しやすい物を用いている。私が勤めていた長崎ペンギン水族館では、冷凍アジをペンギンや魚たちの餌にしていた。なぜなら、長崎はアジの水揚げが日本トップクラスで、安価で大量に手に入るからだ。しか

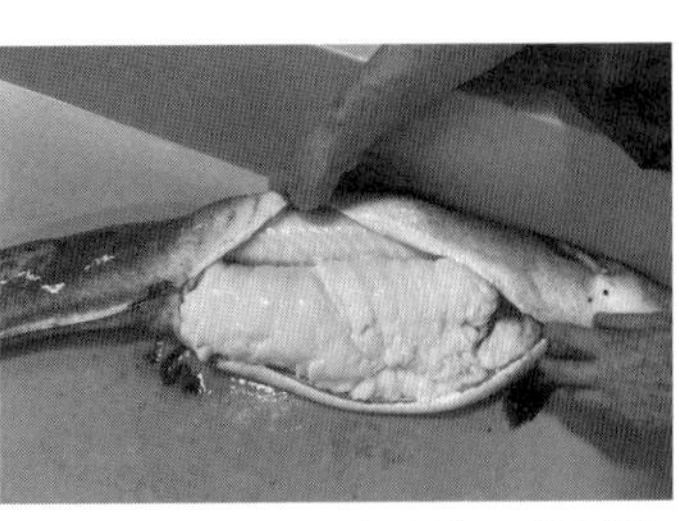

水族館で飼育していたオオウナギ(左)。お腹がふっくらしているように見える。お腹を解剖した様子(右)。脂肪がたっぷりとついているのが分かる。写真提供:長崎ペンギン水族館

し、未加工の餌でも、与える量や質を管理しないと体調に支障をきたす。

みなさんは水族館の魚たちがやけに太っていると感じたことはないだろうか? そのような魚たちは体の表面の艶がなかったり、時には顔に腫瘍ができていたりする。死んだ魚を解剖すると、内臓脂肪でお腹の中が真っ白になっていたこともある。高カロリーな餌を食べすぎたり運動不足が続いたりすると、魚だって肥満体型になるのだ。

そしてもうひとつ。餌付けを行っていると、生き物たちは人間(ダイバー)のそばにいれば餌を食べられると学習しはじめる。つまり、人に馴れてしまうのだ。人と野生生物との距離感は慎重にはかる必要があるので、野生生物に餌付けを行うのは推奨される行為ではない。

しかし、ウニを割ればそれを食べに魚が集まるのはどうしようもない。当然魚たちも学習して、ウニを割る前から私のまわりに集まるようになってしまう。うーん、どうしたものか!

ストーカーのマダイを追い払え！

私はウニ駆除のために海に潜る日もあれば、純粋にダイビングを楽しむこともある。そんなある日、決定的な問題が起きた。月に数回行っているウニ駆除のせいで、全長50センチメートルはあろうかという大きなマダイに懐かれてしまったのだ！　これが大変困った。

私が海に潜ると、どうして分かるのか、すぐに寄ってくるようになったのだ。マダイの眼にはいったい何が見えているのだろうか？　あるいは私の吐く呼吸音を聞いてやってくるのか？

マダイがダイバーに寄ってくる、と聞けば「魚と仲良くなれるなんてうらやましい！」と思われるようなエピソードだろうが、現実はそんなにかわいいものではなかった。

小魚がマダイを恐れて逃げるのである！　いや、小魚だけではない、イカなんて猛スピードで逃げていくのである。私の趣味は海に潜ることなので、駆除をしていないときでも当たり前のように魚たちの様子を観察している。とりわけ、5月からは、サンゴやイカシバ（イ

ウニを駆除していると、どこからともなく現れるマダイ。

カの産卵用に人工的に沈めた木）に集まるアオリイカの産卵ショーが見ものなのだが、ここにマダイを引き連れて行くと、まぁ蜘蛛の子を散らすように一瞬でイカたちが消え失せてしまうのだ。イカの逃げっぷりから見るに、よほど恐ろしい天敵なのだろう。

こうなっては、イカの産卵を観察するどころの話ではない。こいつが私の後ろをついてくるかぎり、ロクに生き物観察ができない。

こうして、私とマダイとの戦いが始まった。とはいえ、対策はいたってシンプルである。人間の怖さを叩き込めばいいのだ。

思いついたやり方はそう！　追いかけ回すのである！　いつものようにウニを食べに寄ってきたところを、ハンマーを振り上げながら突進する私！　驚いて逃げるマダイ！

人が泳力で魚に勝るはずはないが、それでもこちとら全長180センチメートルの巨大生物である。そんなヤツが勢いよく突進してきたら、さすがのマダイもそりゃ逃げていく。陸上でやれば完全に不審者だ。誰にも見られずにこんなことができるのだから、海の中で良かったと心から思う。ウニ割りをまったくしない日も、マダイが現れるたびに突進！　これを1ヶ月ほど繰り返すと、次第にマダイは姿を見せなくなった。

マダイクエストは無事に勝利を収めた！

しかし、ゲームとは違い、達成感は得られなかった。それどころか、内心は若干の寂しさを感じる。私が割ったウニを食べに来たせいで、釣り人に釣り上げられたかもしれない。マダイはおそらく春の産卵疲れを癒すために沿岸に寄ってきていたのだが、私が追いかけ回したせいで、帰る邪魔をしたかもしれない。無事に沖へと戻れただろうか……。

そして何より、追いかけ回さなければいけないほどに懐かれると、少なからず愛着が湧くものだ。私がウニを割りさえしていなければ、お互いに適度な距離を保っていたことだろう。お互いが自分にとって大切なものを守ろうとした結果、寂しさが生まれてしまったが「これで良かったんだ」と思うしかないのだ。

ウニの天敵は存在するのか？

ウニが増えるのは天敵が減ったからではないか？　そう考える方もいるかもしれない。しかし、結論からいうと、ウニの数に影響をもたらすほどの天敵といえる生物は存在しない。いや、正しくは〝人間以外には〟存在しないのである。

よく耳にする天敵の例として、イシダイやイシガキダイが挙げられる。釣りで狙う際にウニを餌として利用するからだ。たしかに、この2種類は人間の手を借りなくてもウニを自力で割って食べることがある。私もその現場に遭遇したことがあるので間違いない。しかし、残念ながらウニの数に影響を与えるほどではないのだ。

この2種類の魚を釣り人が狙う際には、それこそガンガゼを餌として利用するが、わざわざトゲを折って、食べやすく加工しなければならない。

ウニ駆除をしている際に、1匹のイシガキダイが寄ってきたことがある。その子はとても慎重なタイプなのか、ウニが半分に割られているにもかかわらず、トゲが体に刺さらないように口の先を使って1本ずつトゲを折っていた。安全に食べる手筈を整えていたのであろう。なかなか器用なもんだなと感心していたが、結局、横から来た別のイシガキダイが、開いたトゲの隙間から中身をサクッと横取りしていった。

呆然とするその子が何かを訴えるようにこちらを見てきたときは思わず笑ってしまった。自分で焼き加減を調整した焼肉を横取りされたときと同じ感情を抱いていたに違いない。この瞬間は私のYouTubeのショート動画にもアップしているので、興味のある方は「丁寧に育てたウニを横取りされて呆然とする魚」で検索してみてほしい。

そもそもイシダイもイシガキダイも、ウニより貝などを食べることが多いので、彼らが増えたからといって、ウニが減るということにはならないのだ。

では、ほかにどのような生き物がウニを食べるのだろうか？　ヒトデの仲間はウニを襲うことがある。しかしそれは砂地に棲むブンブクという種類を好んで食べるだけで、磯焼けを起こすといわれているようなウニ類は滅多に襲わない。寒い海に棲むオオカミウオという魚はウニを食べると聞くが、私が住む九州には存在しない魚である。

ウニの数に影響を与えるほどの捕食者がいるとすれば、人間が最もその存在に近いということになる。そして、ムラサキウニなどの商品価値の高いウニにかぎれば、近年は沿岸漁業の衰退によりウニ漁をする漁業者の数は急速に減少している。

うん！　これはぴったり合点する！

つまるところ、ムラサキウニの天敵が減ったとすれば、それはウニ漁師が減ったということなのだ！　そうなると、ここでひとつの疑問が浮かび上がってくる。ムラサキウニは元々漁獲されていたから、漁師が減った結果増えるのは分かる。

では、昔から漁獲されていないガンガゼは何が原因で増えているのか。それはまったく別の話になってくる。

衝撃を受けた羅臼の海

磯焼けの原因が地域ごとに違うこと。それを最も強く感じたのは、初めて北海道の羅臼に行ったときのことだった。２０１９年の11月、私は憧れていた羅臼の海に初めて潜ることができた！　ダイビングといえば、沖縄など熱帯域の暖かい海でカラフルな魚たちが彩るサンゴ礁を楽しむという人もいるが、私の場合はそうではなかった。むしろ、潜れば潜るほどに、冷たい海域に棲む地味でヘンテコな姿をした生き物たちへの興味のほうが勝っていた。

そして、北海道の海といえば、やっぱりコンブの森！　子どものころに放送されていたアニメのＣＭで、船の上から大きな木べらのようなものを使ってコンブを収穫しているのを見たことがある。海底一面に広がるコンブをグルグル巻きとっていく映像が衝撃的でずっと記憶に残っていた。

そんな光景がきっと広がっているのだろう！　なんといっても雄大な自然が残る羅臼の海なんだから！と、まだ見ぬ北の海への期待に胸を膨らませていた。しかし、潜ってびっくり！　コンブがない！　それどころか、浅瀬の海底はウニばかりが目につき、露出した岩肌で海底は白っぽくなっていたのである。そう、羅臼の海にまで磯焼けが起きていたのだ！

いろいろな場所で磯焼けが起きているのに何をそんなに驚いているのかという人のために、少し説明したい。「森は海の恋人」といわれるくらい、海の環境に森の存在は密接に関わっている。海と森は対極にあるように感じている人もいるだろうが、実はひとつに繋がっているのだ。山で蓄えられた栄養分が川を通って海へと流れ出ると、その栄養を利用して小魚や稚魚が成長する環境ができる。その栄養は海藻が育つためにも重要なもので、豊かな海を守るためには豊かな森が必要だ、といわれてきたのだ。

羅臼には広大な原生林が広がっているので、さぞ豊かな海になっているのだろうと思っていた。もっと開拓が進んだ街中ならいざ知らず、こんな場所でも磯焼けが起きるのかと驚愕した。ガイドさんに尋ねると、11月という時期がコンブの盛期から外れてはいるが、数年前から海藻が減り、磯焼けが進行しているとのことだった。

現在でも、豊かな海が育つためには豊かな森が欠かせないというベースは、私の中で変わっていない。だが、森を育てればそれで万事解決とはいかないという事実を目の前につきつけられた瞬間だった。

ウニは死んでも産卵する

突然だが、ウニというのはなかなか凄い生き物である。例えば、主食である海藻がほぼなくても、岩肌にうっすらと生えた珪藻(けいそう)だけでも生きていくには困らない。水族館で展示を行えば、先述のように水槽のアクリル面を削って食べてしまうこともある。さらに、ハンマーで真っ二つに割っても、2日は死なずにトゲを動かしているのだ。

そして最も驚かされるのは、産卵の仕組みである。通常、ウニの産卵というのは干満の差が最も大きくなる大潮前後に行われ、ガンガゼやムラサキウニの場合は主に梅雨前から初秋にかけて行われる。産卵するときは、岩陰に隠れていたウニたちが表に現れ、高い場所を目指して岩を登りはじめる。やがてそこから一斉に産卵を開始する。高いところから産卵するとそれだけ潮の流れに乗せて遠くへ卵を飛ばせるので、より効率的に子孫を残すことができるのだ。産卵が始まると海中は霧がかかったかのように白く濁るため、見慣れるとウニが産卵したんだなと、気付くようになる。一斉に放出された精子と卵子は、海中で受精卵となる。孵化した稚ウニは、3週間ほど海中を浮遊するプランクトン生活を送ったあとに海底へ着底

メスのムラサキウニの産卵シーン。立ち昇っている小さな粒はすべて卵である。

する。これが〝通常の〟ウニの産卵方法だ。

しかし、驚異的なのは駆除後である。産卵期のウニはなんと〝卵巣・精巣だけになっても産卵する〟のだ！　何をいってるのか分からないと思うので説明しよう。ウニの卵巣や精巣である生殖腺は、普段私たちが食べているウニの身の部分のことである。

ウニ割りをしていると当然、その部分が海中に出てくるのだが、産卵期に入った熟れ熟れの生殖腺は、なんと海水に触れることで卵子や精子が飛び出す仕組みになっているのだ。そのため、ウニの意思とは無関係に産卵が行われるのである！　実はこれは、ウニ漁師の間では誰もが知っている現象であり、このことを「ウニが溶ける」と呼んでいる。

ウニ漁を行う際、産卵期に入ったウニは、

身を取り出してしばらくすると生殖腺から狼煙（のろし）が上がるかのように〝溶け〟はじめる。そうなると商品価値が著しく落ちてしまうので、産卵期に入ると漁を終了する地域が多い。

このように、産卵期にウニを割ると逆に産卵を促すことになってしまう。おまけに、中途半端に衝撃を与えると、潮汐に関係なく緊急産卵を始めるのである。駆除するとウニが増えるとすれば、困ったものだ。そんなとき、助けになったのが、ウニ駆除に集まる魚たちであった。ウニを駆除することしか考えていなかったが、寄ってきた魚たちが食べやすいようにウニの中身を出して、卵が放出される前に魚たちに食べさせればいいのだ！

どのみち駆除しなければ、大潮のたびに海中に放出されるので、割った際に出てくる生殖腺を丸ごと食べさせたほうが、その地域のウニの産卵量は圧倒的に少なくできるのだ。

餌付けは避けるべきという倫理観を持っている私にとっては、非常にセンシティブなテーマであったが、藻場を再生させるという大きな目的のためには仕方のないことだと考える。もちろん、毎日のようにウニ駆除をしたら、それを食べる小魚たちの生態系にも影響が出るかもしれない。しかし、月に2回のウニ駆除では大きな影響はないだろう。餌付けはしたくない自分と、ウニ駆除が本当に必要なのか見極めたい自分が争った結果、選んだのは魚たちとゲームのようにパーティを組んで処理するという道だった。こうして人と魚の共同作業が始まったのである！

ガンガゼの成長周期

孵化1日目

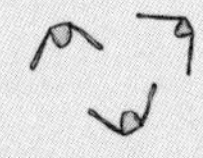

孵化すると海の中を漂いながら、プランクトン生活を続ける。まだウニの形にはほど遠く、人間の目では視認することができない。ちなみに、イラストはガンガゼの幼体で、ウニごとに形は変わる。

生後20日目

生後20日ほどでミニチュアのウニへと成長。このころになると、浮遊生活を終えて海底に着底する。成体と同じくトゲや足の役割を果たす管足も確認できる。

生後3ヶ月

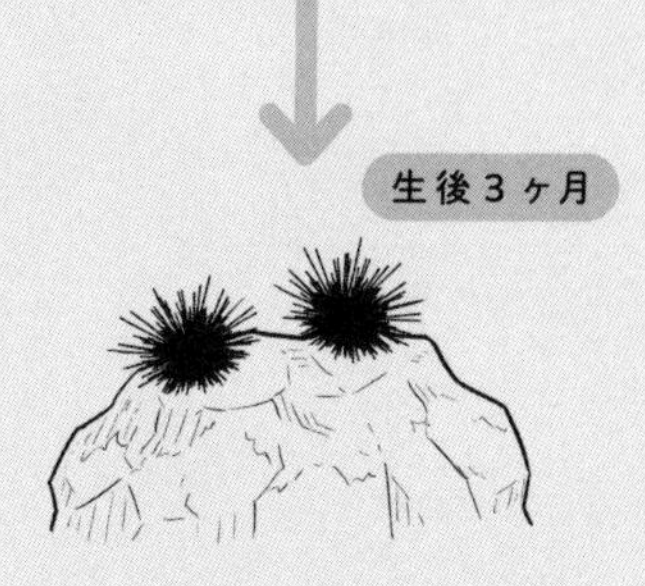

生後3ヶ月ほどで、1〜2センチメートルくらいになる。ガンガゼはウニのなかでは珍しくコロニーをつくるので、ひとつの岩場にたくさんのガンガゼが密集していることが多い。

生後半年

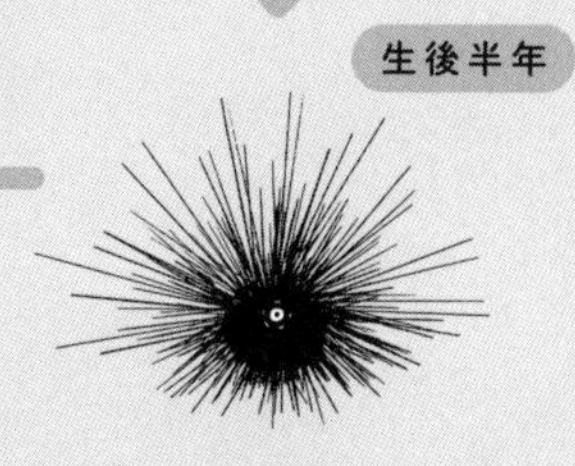

ようやく「大人」の仲間入り。ガンガゼの象徴ともいえる、中心部の目(兼排泄器官)がキラリと輝きよく目立つ。ここから2年かけてより立派な成体へと成長していく。

約2年後

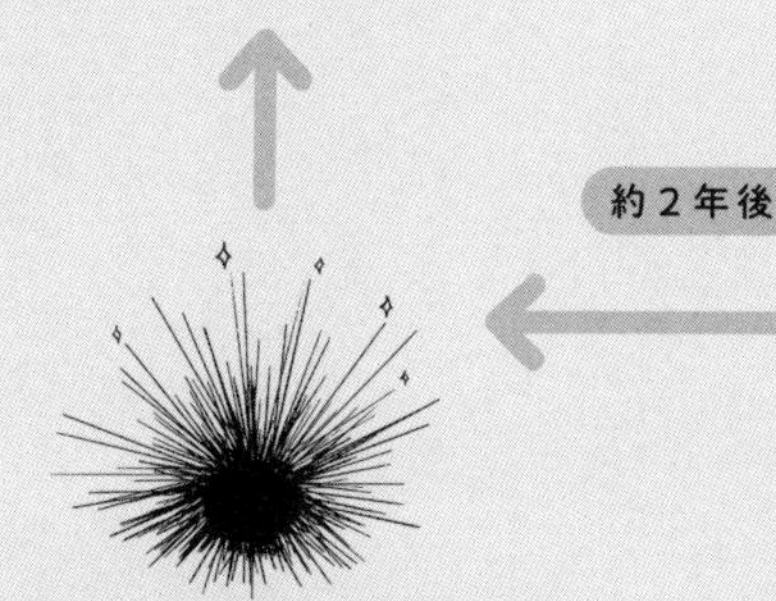

ガンガゼは生後半年〜2年をかけて成体へと変化する。トゲまで含めた大きさで表すと、体長15センチメートルを超えるのが一般的。

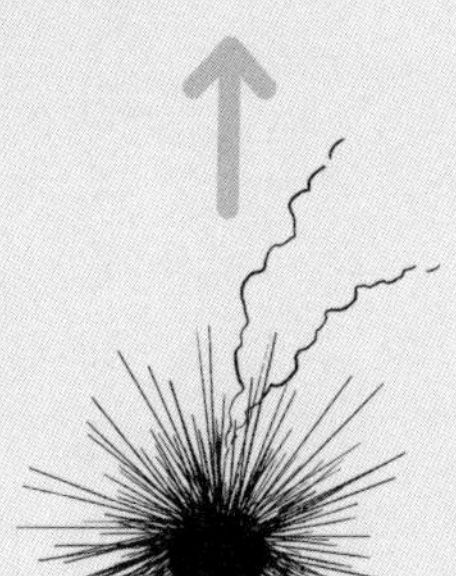

産卵するときには、狼煙のように精子と卵子を海へとばらまく。より遠いところに届けるために、大潮がやってくるタイミングで岩などに登り一斉に産卵する。

ウニ駆除を助けてくれる魚たち

ここで、ウニ駆除に協力してくれるイカした魚たちを紹介しよう！

駆除を始めると、真っ先に集まるのがソラスズメダイだ。カラフルな見た目をしていて、浅瀬に多い代表的な魚で集まる数も多い。ウニ駆除における彼らの役割は、目に見えないほど小さい卵を食べることだ。日頃から小さなプランクトンを食べているので、散った卵も上手に食べてくれる。おそらく相当数の卵を食べているので、実は最も活躍しているのは彼らだろう。

次に寄ってくる魚がベラの仲間だ。特にササノハベラは食欲旺盛で、ウニを割る前から私の気配を察して近づいてくる。こちらも長崎で釣りをすれば、必ずといっていいほどよく釣れる常連の魚だ。釣ろうと思っていなくても勝手に釣れるし、ほかの魚のほうが食べやすいのであまり積極的には食べようとしない。しかし、刺し身で食べると身にほどよい甘味があ

駆除を助けてくれる仲間

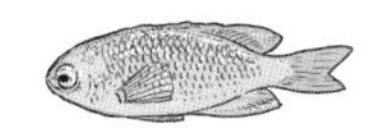

ソラスズメダイ

浅瀬を好むカラフルな魚。見えないほど小さいウニの卵を、拡散する前に食べてくれる。

ササノハベラ

ウニのまとまった身を殻の中からかき出して食べるので、ほかの魚たちも食べやすくなる。

イラ

歯とは別に、喉の奥にある臼のような歯（咽頭歯）で、ウニの殻や口器などをゴリゴリとすり潰していく。

り、かなりおいしい魚である。

ササノハベラの難点は小骨の多さだ。小学生のころ、家族でキャンプに行った際に父親が釣ったササノハベラを塩焼きにしてくれた。しかし、小骨だらけで食べづらく、喉に何度も骨が引っかかり、こいつの塩焼きに良い印象はない。みなさんも機会があれば、小骨に細心の注意を払って食べてみてほしい。

彼らのウニ駆除における役割は、中身を取り出す作業だろう。私はウニを割る際、素早く魚たちが食べられるよう、できるだけ中身が取り出しやすい形になるように気を付けている。しかし、それでもトゲと殻に隠れて魚が上手く食べられない割れ方になってしまうことがある。そうしたとき、このベラたちは器用にウニの中身を口先でつまみ、かき出すのである。それをきっかけに、拡散した卵をほかの魚たちが再度食べに来るといった協力関係になっている。

そして、ベラの仲間で圧倒的な存在感を放っているのがイラである。全長50センチメートルほどにまで成長する大型の魚だ。体色もド派手なピンク色！　所どころ欠けた不ぞろいな歯やツルンと出たオデコと、なんとも愛嬌のある顔をしている。特徴的なのが、ウニの食べ方だ。ほかの魚はウニの中身を食べようとするが、イラはウニの口器を好んで食べる。口器は硬くプラスチックのような質感をしており、とても食べようなんて思わない代物であるが、彼らにとっては好物らしい。

イラには歯のほかに咽頭歯（いんとうし）と呼ばれる臼のような歯が喉にあるのだが、そこで硬いウニの口器をすり潰して食べるのである。そのときに発する音がまぁ小気味よいこと！　ゴリッゴリッと海中に音が響き渡ると、あぁイラがまたウニの口器を食べてるんだな、と見なくとも分かる。さながら、軟骨を酒のつまみに食べているオヤジのようである。マダイがいなくなった今、ウニを食べに来る魚の中では最も大型の魚である。ちなみに、彼らはマダイのように常に私をストーカーすることはなく、ウニを割ったときにだけ現れるので、生物観察の邪魔になるようなことは今のところ起きていない。

ほかにも、冬から春にかけての繁殖期にだけやたら人懐っこく食べに来るカサゴや、ウニの殻に残ったわずかな中身を、まるでケーキのフィルムに付いた部分を舐め取るように一生懸命つついて食べるカワハギやキタマクラというフグの仲間など、集まってくる魚たちは思い思いの食べ方でウニを堪能している。

彼らに割ったウニを食べてもらうことの重要性に気付いてからは、適度な距離感をもって観察している。駆除を始めた当初は、ハンマーで1回しか叩いていなかったが、今では3、4回叩いて中身が食べやすくなるように工夫している。駆除というと、見つけたらすべて叩き割るようなイメージを持っている人がいるかもしれないが、そうではない。ガンガゼは「岩隠子」と表記されることもあり、本来は文字どおり岩の間に隠れていることが多い。つまり、ガンガゼの数が増えて、海底を覆い尽くしているなら、生態系のバランスが崩れているということ。だから、岩に隠れているガンガゼはあえて見逃し、決して駆除しすぎないことが大切だ。ちなみに、割ったあとのウニのトゲや殻がどうなるか気になる方も多いかと思うが、最終的にそれらは砂の一部になる。波やうねりで飛ばされてしまうからだ。やがて、川を転がる石と同様に、岩や砂に削られながら砂の一部に混ざっていく。海水浴場の砂も、目を凝らして見れば、ウニのトゲの破片がきっと見つかるはずなので、気になった方はぜひ探してみてほしい。

海の生き物トピックス　vol.1

海の中は、たくさんの不思議であふれている！　著者が保全活動するなかで見つけた、海の生き物の生態を紹介。

タツノオトシゴはオスがお腹の中で子どもを育てて「出産」する!?

オスには育児嚢（のう）と呼ばれる袋があり、メスがオスのお腹に卵を産みつける。オスの育児嚢には栄養が送られ、子どもが育つような仕組みになっているのだ。メスの体内に卵ができるまでに２週間、オスが孵化させるまでにかかる期間は１ヶ月なので、メスはその間にほかのオスのもとに行き、卵を産みつける。

光合成に不老不死!? 特殊能力を持つクラゲたち

クラゲにはさまざまな能力を持つものがいる。基本的には、毒針が仕込まれた触手を使って捕食するクラゲが多い。しかし、タコクラゲという種類は体に褐虫藻という植物プランクトンを取り込み、光合成で得たエネルギーを利用している。また、ベニクラゲという種類は老化と若返りを繰り返す能力をもち、不老不死のクラゲともいわれている。

海にも専門の医者がいる? ケガをした魚たちの療養施設

ホンソメワケベラという魚は、ほかの魚に付いた寄生虫などを食べる海のお医者さんだ。ほかの魚とケンカして傷ができたり、釣り人に釣られかけてケガした魚たちは、療養するためなのかホンソメワケベラのもとを訪れる。体の小さい魚だけでなく、マンタなどの大型海洋生物もやってくるので、よほど腕が良いのかもしれない。

猫のようなアオリイカ エギを垂らすと癒される！

エギというルアーを使って釣りをする通称「エギング」が釣り人の間で流行っている。イカの好物であるエビと似ているから反応すると思っていたが、実はエギの形に反応しているというより、動いているものに興味があるようだ。エギの動きに反応するイカの様子は、まるで猫じゃらしに手を伸ばす猫のよう。

第4章

目指せ一攫千金!?ウニ1000匹を育ててみた

駆除するよりも畜養を

ウニ駆除と聞くと、もったいないから何か活用できないか？と考えるのはウニ好きの日本人なら当然の流れかもしれない。いくつかの地域では、そうした駆除対象のウニを陸上や海上で畜養する試みが行われている。ちなみに、みなさんには養殖という言葉のほうがなじみがあると思うが、自然で生まれ育った生き物を、途中から人の手で育てる養殖方法を〝畜養〟と呼ぶ。

駆除対象になっているウニは、主な餌となる海藻を十分に食べていないため、身が痩せてしまい商品価値がない。だから漁業者も漁獲しない。そこで、回収したウニに人為的に餌を与え畜養するのだ。最も有名な例がキャベツを与えて育てる神奈川県の〝キャベツウニ〟だろう。ウニが野菜を食べると聞くと驚くかもしれないが、第1章でも述べたとおり、ウニはけっこうな悪食のため、水槽内であればわりとなんでも食べようとする。キャベツ以外にも、タケノコやブロッコリー、クローバーなど、さまざまな餌が利用・研究されている。

それらがメディアで話題になったこともあり、磯焼けなどで対策を検討している漁協のみならず、まったく畑違いの地元企業がウニ畜養に参入を試みたりと、世はまさに大ウニ畜養時代に突入している！　そして何を隠そう、かくいう私もウニ畜養を試みた一人である。

一人でウニ駆除を始める2年前の2017年。当時の私は大村湾で頻繁に潜っていたのだが、大村湾にはガンガゼがほぼおらず、ムラサキウニが海域の優占種である。

長崎空港がある大村市では今もムラサキウニ漁が行われているが、それ以外の地域ではウニを獲る漁業者はほとんどいない。そして、私が潜っていた地域もまた、ウニ漁をする人がいない海域だった。その影響もあって、外洋側よりもムラサキウニの数が多く、大村湾の海底も磯焼けが起きていた。しかし、その当時は大村湾ではまだ磯焼け対策は行われていなかったのだ。

ムラサキウニはガンガゼと異なり、身が入ってさえいれば商品価値が非常に高いウニである。であれば、ウニの畜養ができれば駆除と利用の一挙両得だ！　もちろん、畜養技術が上手く確立できれば、それで食べていけるという目論見もあった。目指せウニ御殿！

しかし、結果から先に述べると、現実はそう甘くはなく、畜養は困難であると諦めることになる。また、ムラサキウニが磯焼けの原因となっているのであれば、数が減れば回復するはずだという考えも誤りだったことがのちに判明していく。

キャベツを求めてスーパーを駆け回る！

大村湾のムラサキウニを用いた畜養実験を行うにあたり、まずは畜養場所の確保と飼育水槽を用意する必要があった。そこで、私が以前よりお世話になっていた大村湾のとある漁師さんに相談したところ、快く作業場の一角と1トン水槽を貸してくださった。

余談になるが、その方は私が最も尊敬するレジェンド漁師である。今まで出会った漁師さんのなかで、誰よりも穏やかで博識な方だ。年齢はすでに80歳を過ぎているにもかかわらず、常に何か新たな水産資源を活用した取り組みができないか考えており、大村湾の環境変化にも早くから気付き、現状をひどく心配されていた。

漁業者としての技術もずば抜けており、この方が育てるカキはお世辞抜きで日本一旨いと私は思っている。カキは産地だけではなく、生産者によっても味が変わるのだと初めて実感したのも、この方のカキを食べたときだった。

ほかの生産者が作るカキも確かにおいしいのだが、味にも見た目の大きさにもあまりに違

尊敬するレジェンド漁師から借りた作業場と1トン水槽。

いがあったため、「どうすればこんなおいしいカキが作れるんですか?」と尋ねたことがあった。「(今どうしてほしいのか)貝の気持ちが分かるんだ」と少し恥ずかしそうにほほえんで話をしてくれたのがとても印象的だった。

　何十年にもわたりアコヤガイの真珠養殖を手がけていた方だったので、その言葉だけで十分すぎるほどの説得力があった。

　私にとっては漁師の師でもあり、この方がいなければウニの畜養も到底不可能であった。


　また、畜養を始めるにあたり、キャベツウニの研究開発を行っていた神奈川県の水産技術センターにウニの畜養に関するノウハウを尋ねたところ、快く教えてくださった。

　メディアで紹介されたこともあり、日本の

みならず世界中から同じような相談が来ているとのことだった。通常こうした技術は秘匿され、部外者が簡単に教えてもらえるはずもない。しかし、行政機関であることや、純粋に各地の藻場対策に役立ててほしいという思いもあって、神対応してくださったのだろう。本当にありがたいお話である。

さて、場所と道具をお借りし、畜養するためのウニも、漁師さんの協力を得たことでなんとか確保できた。基本的な畜養方法も教えていただいて、いよいよ私にとって初めてのウニの畜養実験が始まった。

水族館でウニを飼育するのとは違い、ウニの畜養で最も重要な部分は〝利益を出せること〟である。そのためにはある程度まとまった数を育てる必要がある。

水産技術センターで聞いたアドバイスをもとに、私なりに考えを巡らせた結果、利用する1トン約水槽であれば約1000匹の飼育が可能だろうと考えた。飼育する際の海水の循環方法は、直接海から海水を水槽内にポンプで吸い上げ、あふれた分を再び海に戻す〝かけ流し方式〟とした。理由はこの方法が最も安価であり、水質を安定させるうえでも容易だからだ。

そして重要なのが餌である。当然ながら、磯焼けの原因とされるウニを育てるのだから、海藻を採って餌として与えるのでは本末転倒である。しかし、餌代にお金がかかっては、とてもではないが利益は出せない。むしろ大赤字に陥るのは火を見るよりも明らかだった。

そこで、まずは自分も流行りのキャベツで育ててみることにしたのだが、これがとにかく大変だった。まず私にはキャベツ農家の知り合いが一人もいない。というか、農家の知り合い自体がいなかったので、キャベツを手に入れようと走った先は近隣のスーパーであった。いつもキャベツを買う際にむしっている外側の硬い葉であれば、たくさん廃棄されているのではと考えたのだ。

いざ野菜売り場で「廃棄するキャベツの葉があればいただけませんか?」と相談したところ、不思議そうな顔をされはしたが、ありがたいことに分けていただくことができた。

しかし、「何に使うのですか?」と尋ねられた際、「ウニの餌に使います……」と説明するのはさすがに少し恥ずかしかった。こうして、地元のスーパーを何軒か尋ねて回り、段ボールいっぱいのキャベツを確保できた。

しかし、ウニの畜養は出荷できるレベルに到達するまでに2~3ヶ月を要するため、私は何度もキャベツの葉をもらいにスーパーを駆け回ることになったのだった。

漂うキャベツとウニとの冷戦

畜養するムラサキウニの身入りが良くなるまでに要する期間は2〜3ヶ月。これは水産技術センターで教えていただいた情報だったので間違いないだろう。収穫は、ウニが産卵期に入り、身が溶けだす5月までに行う必要がある。そこから逆算すれば、1、2月ごろに畜養を開始すればいいと分かる。そこで、問題になるのはウニに与える餌の量だ。

1000匹のウニに対してどのくらいの餌を与えればいいのだろうか？　さすがにここからは自分一人で試行錯誤していくことになる。

試しに、スーパーからかき集めたキャベツの葉を数枚与えてみる。すると、いきなり問題が発生した！

キャベツ浮くんだけど⁉

みなさんはご存じだろうか？　なんとたいていの野菜は海水に入れると浮くのである！　何を当たり前のことを言っているのかと笑われるかもしれないが、意気揚々と餌を与えた瞬間に、水面にプカーッと浮かぶキャベツを見て、私は戦慄した。これでは思うようにウニたちがキャベツを食べられないじゃないか！　こんなの思ってたんと違う！

こうして、初めてのウニ畜養はいきなり大きな壁にぶつかった。ウニたちは水槽に付着している。仕方がないので棒を使ってキャベツをウニにくっつけたり、キャベツの葉に重しを付けて沈めたりと試行錯誤をしてみたら、2、3日水槽に入れておくと、浅漬け状態になるのかキャベツの葉が浮かなくなると分かった。

しかし、次に出てきたのが餌のお残し、いわゆる残餌問題だった。思ったほどウニがキャベツを食べないのだ。飢餓状態のウニは餌が入ればひたすら食べると思われたが、実際は与えた1~2割しか食べられておらず、残った餌が腐るのである。

よくよく観察して気付いたのだが、ウニたちはキャベツの葉に乗って食べるものの、しばらくするとすぐに離れてしまう。そう、ウニたちはキャベツを食べ飽きるのである！

水槽内には1000匹ものウニがいて、3ヶ月間は均等に餌を与えつづけなければならない。また、できるだけ残餌を出さないよう調整する必要がある。しかし、ウニはすぐに飽きて食べなくなる。想像以上にウニの畜養は難しかった。

どうしてすぐに飽きてしまうのか、ウニの行動を何時間も眺めていると、あるときウニのトゲの間にキャベツの切れ端が挟まっていることに気が付いた。ウニの種類によってはラッパウニのように、石や貝殻などを体の表面にあえてくっつけて身を隠す種類もいる。しかし、ムラサキウニでそのような行動は見たことも聞いたこともない。

では、なぜそんなところにキャベツが挟まっているのだろうか？　たまたまか？　いや、きっと意味があるはずと観察を続けてみると、トゲの間に挟まったキャベツの切れ端が次第に口元へと移動していったのである！


そうか！　お弁当なんだ！　いや、それだけではない。フォークとしても機能している。私もこのときに初めて気が付いたのだが、ウニのトゲは身を守るためだけでなく、餌を掴むためにも機能していたのだ。ウニのトゲはよく見ると、1本1本が独立した動きをしている。それを指のように上手く使い、キャベツの切れ端を掴んでいたのだ！　そして、管足と呼ばれる先端に吸盤が付いた部位で、ゆっくりと口元へ運んで食べていたのだ！

それが分かった瞬間、頭の中にひとつの答えが閃いた！　それまで葉っぱのまま与えていたキャベツを千切りにして与えてみたのだ！　当然、そのまま水槽に入れるだけでは浮いて

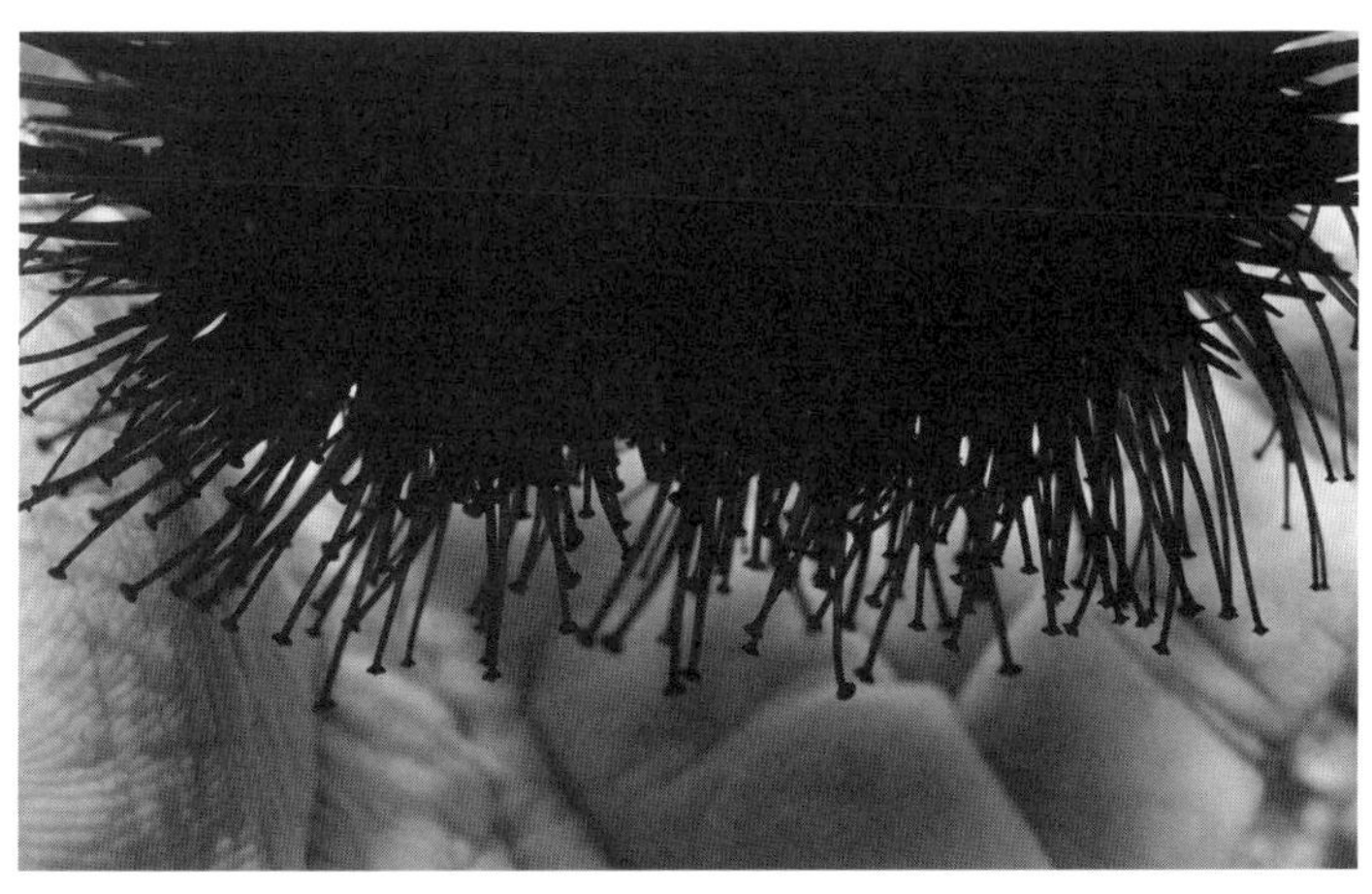
トゲとは違い、ウニの下部にある触手のような部分が管足だ。

しまうので、ポンプの水流で千切りにしたキャベツをウニたちに吹き付けるように与えてみたところ、ほぼすべてのウニが均等に、千切りになったキャベツを身に纏った！

するとどうだろう、これまではすぐに食べ飽きていたウニたちが、身に纏ったキャベツであれば飽きずに食べつづけたのである！しかもウニが身に纏える分だけを与えればいいので、腐っていた残餌もグッと減った！

やった！　こうして試行錯誤の末に1000匹のウニに均等に餌を与える方法を見つけることができた。が、喜びも束の間、その後まもなく、さらなる緊急事態が発生するのであった……。

全滅ゲームオーバー

試行錯誤の末に効率的な給餌方法を編み出し、畜養が順調に進むかと思われた直後、新たなトラブルが発生した。明らかに調子が悪いウニが数匹現れたのである。ウニの調子なんて分かるのか？と思うかもしれないが、彼らの体調の変化は意外と分かりやすい。調子が悪いときは、明らかにトゲが寝ているのである。まるで元気のない犬の尻尾のように、トゲが下を向くのだ。どうしたんだろう？と考えているうちに、今度はトゲが１本、２本と抜け落ちるようになった。

抜け落ちた部分にはウニの骨格の白い部分が見え、あたかも円形脱毛症を発症したかのようだった。そして、最初のトゲが抜け落ちてからわずか３日ほどですべてのトゲがなくなり、ほどなくしてそのウニは死んでしまったのである。天然環境下では滅多に見ない状態だったので、すぐに何かの病気を疑った。急いで論文などを調べてみると、おそらくこれだろうという症例が見つかった。ウニの〝トゲ抜け症〟である。

どうやらこれは細菌由来の感染症が原因で、発症するとウニのトゲが抜け落ちるらしい。

トゲが抜け落ち、全滅した手持ちのウニ。

まさか飢餓にも強く、天敵もロクにいない無敵生物と思われたウニも病気にかかるなんて！　この病気を初めて知ったときは本当に驚いた。

感染症であれば、早く対処しないとほかの個体にも広がってしまうかもしれない。しかし、そう気付いたころには時すでに遅く、あれよあれよという間にトゲ抜け症が伝染し、最初の発覚から2週間も経たずに1000匹のウニが全滅してしまった……。

私は、目の前がまっ暗になった……。

こうして私の最初のウニ畜養はあっけなくゲームオーバーとなったのだった。

想定外だったキャベツウニの味

感染症によりウニが全滅したことで、ウニ畜養は装備や環境を見直す必要があると分かった。さて、ここからまたコンティニューだ！　一度やられたからと諦めず、手を替え品を替え攻略法を探るのは私が大好きなゲームと同じである。

では、感染症を避けるためにはどうするか？　おそらく感染症が起きた原因は水質の悪化だろう。水槽内の海水はかけ流しになっていて、常に新鮮な海水が入ってくるようになっていた。それにもかかわらず水質が悪化したということは、残餌とウニの排泄物が原因だろうと考えた。それを踏まえて、飼育法をいくつか見直すことにした。

まず畜養するウニの数を減らすこと。1トン水槽に1000匹だったものを半分の500匹にした。これにより、与える餌の量も残餌も排泄物の量も半減させられる。

次に、水槽内に設置していたプラスチック製のネットで作ったカゴを撤去した。カゴには板が複数枚組まれており、ウニの飼育面積を広くする目的があったのだが、底に溜まった排泄物を除去する際に、まずこのカゴを外に出す必要があった。しかし、これが非常に重たく作業の弊害になっていたのだ。おまけに清掃中はウニをカゴごと海水から出すことになるので、これもウニを弱らせる原因になると考えられた。飼育数を減らすことでこのカゴも不要となり、清掃をいつでも行えるようになったのだ。

そして、もうひとつとっておきの秘策があった。それが、ナマコの同時飼育である！　一般的にはあまり知られていないであろう、ナマコのトリビアをみなさんにお教えしよう。

ナマコはウニのウンコが好物なのである！

海中でナマコを見かけると、夢中で砂を食べている姿を観察できる。しかし、これは砂が主食というわけではなく、海底に溜まった有機物を砂ごと食べているのだ。そうして、食べ終わったあとの砂はウンコとして排出される。つまるところ、ナマコのウンコがきれいな海砂の元になっているわけだ！

さて、話を戻すとウニの排泄物は、まさにナマコが主食とする有機物の塊だ。水槽で大量のウニを飼育していると、すぐに底はウニの排泄物だらけになってしまう。ウニの排泄物はまるでウサギの糞のようにポロポロとしており、下手に水流を当てると簡単に舞い上がる。

そこで、水槽の底でナマコを3匹ほど一緒に飼育することにした。すると、ナマコは勢いよくウニのウンコを食べはじめたのである！　食べるとは思っていたが、改めてナマコはウニのウンコが大好物だと実感した。ナマコが食べたウニのウンコは、今度はナマコの糞となるが、ナマコの糞はウニのものと違い、バナナ状にまとまる。つまり、ウニのウンコを凝集してくれる効果も兼ねているのだ。これにより、水流を当ててもほとんど糞塊が舞わなくなり、掃除も格段にラクになった。図らずも、海の生態系は生き物同士が複雑に関係しあって保たれていると体感した出来事だった。

さて、そのかいもあって、2度目の挑戦は順調に進んでいき、ついに飼育開始から目標であった2ヶ月に到達できた！　高まる期待に胸を躍らせ、いざウニを割ってみる。

おぉ！　身が詰まっている！

噂は本当だった。確かにキャベツを2ヶ月与えると、当初はスズメの涙ほどだったウニの中身がふっくらと詰まっていたのである。早速それを指ですくい取り、いざ実食！

中央の白い塊がナマコの糞。食べたものがまとまって排出されているのが分かる。

「あれ……? 思ってた味と違う……」

先ほどまでの興奮が一気にさめた。ウニの味が天然とまるで違うのだ。いや、不味くはない。しかし、あのウニ特有の風味にはだいぶ遠い。ウニ本来の風味を100倍くらい薄めたような印象だった。中身も十分にあり、甘味もあるが、明確に味の差を感じた。

これでキャベツウニとして評価はされても、普通のウニと同じようには売ることができない。ここにきて私のウニ蓄養計画は再び大きな壁にぶち当たったのである。

究極のウニがついに完成！

せっかくクリア目前まで来たというのに、ウニの味が違うという思わぬ壁が立ちはだかった。なぜ味が天然と違うのか？　もしかすると与えた餌によって味が変わるのでは？

そこで、試しに私が食べていたミカンの皮を細かく切って餌に混ぜてみた。するとどうだろう！　1週間ほどミカンの皮を与えたウニを割って食べてみたところ、なんとミカンの皮味のウニになっていた！　これは凄い！　ウニの味は食べた餌の味を反映していたのだ。

ということは、私がキャベツウニの味を薄いと感じたのは、キャベツの味を反映していたからだ。逆にいえば、ウニ特有の風味は海藻を食べたから感じられる海藻の味ということだ！

さてどうしたものか。私が当初目指していたのは天然と変わらぬ味のウニ。であれば、餌はもちろん海藻でなければならない。しかし、先にも述べたが磯焼けで海藻が減る原因になったウニを畜養しようというのに、そのウニに採った海藻を与えたのでは本末転倒である。

そこで、少し考えを整理することにした。元々なぜウニにキャベツを与えるのかという点を振り返ると、キャベツウニの発祥である神奈川県では、キャベツが特産であり、廃棄する分をタダ同然で大量に入手できるからだ。

ただでさえコストがかかる畜養は、餌代をかぎりなくゼロに抑えなければ赤字になってしまう。では改めて私が実施している長崎の地ではどうだろう。実は当初集めていたスーパーで廃棄するキャベツの葉はすぐに底を尽き、最後の1ヶ月ほどは自腹でキャベツを買って与えていたのだ。つまり継続して入手する餌としても不向きだった。

長崎でもタダ同然で大量に手に入り、なおかつ、海藻を食べたウニと同じ味になるものは何かあるだろうか？　やはり海藻を使うのが一番良いけれども、天然の海藻は使えない。もちろん、このときの私は海藻を養殖するノウハウも持ち合わせていなかった。

2年目のウニ畜養に向けて私は常に、使えそうな餌について考えを巡らせていた。そんな折、いつものように海へ潜りに行った際に成功へと導くあるものに出合ったのだ。無料でいくらでも手に入り、ウニ同様に邪魔者扱いされている海藻の塊！　そう、〝流れ藻〟である。

第2章で紹介したが、海に生えていた海藻が荒波などを受けてちぎれ、海面を漂っている海藻のことだ。ちぎれたあとも海藻は死ぬわけではなく、2〜3ヶ月はそのまま海の中を漂

早速集めた流れ藻をウニの水槽へと投入。

流する。当時、長崎の外洋側には船の航行の邪魔になるくらい、大量の流れ藻があったのだ。場合によっては漁協や行政がお金をかけて除去処理をしていたほど。

これなら大量に入手できるし、採っても磯に生えている海藻に影響は与えない。何より無料で取得できる。しかも、採った流れ藻は天日で乾燥させれば、1年以上ストック可能なのである。まさに長崎で手に入る理想のウニの餌だった。

そこからは父と2人で2時間ほど流れ藻集めを行い、あっという間に布団の圧縮袋5袋分の量が集まった。そうして2年目のウニ畜養が始まった。1年目に失敗したおかげもあって、2年目は無事に3ヶ月間の畜養に成功した。乾燥させた流れ藻はウニたちにも明らかに好評で、キャベツよりも断然食いつきが良かった。やはり、なんだかんだウニは海藻が好きなのである。

そしていよいよ運命の日。育てたウニを割ってみる。

よし！　中身は十分に詰まっている。色も濃いオレンジ色をしており凄く良い！

そして肝心の味は……。

「旨い！」

本当に驚いた！　なんと、天然のウニよりも圧倒的においしかったのだ！　私が求めていたウニ特有の風味はしっかりと付いており、決して生臭くもない。そして口いっぱいに広がるウニの甘味。これほどおいしいウニは天然物でも食べたことがない！

2年目にして、早くも究極の畜養ウニが完成した瞬間だった！

しかし、私はそれ以降ウニの畜養からは手を引いた。なぜなら、いくら最高のウニができたとはいえ、採算を考えると年間1万匹は畜養する必要があったからだ。そうなると、当然大型の施設が必要になるし、それだけのウニを集めるのにも相当な労力が必要だ。そして何より極めつけだったのは〝流れ藻の消失〟である。

残念ながら、今の長崎では流れ藻を入手することが非常に困難になっている。流れ藻の元となる海藻が減っているからだ。つまりは、私がもう一度あの最高のウニを育てるには、どのみち磯焼けを解決するほかに道はないのである。こうして、私はウニ駆除活動の重要性を再認識したのだった。

第5章

時給たったの500円!?ウニ漁師になってみた

合法的にウニを獲る方法

ムラサキウニの畜養に明け暮れる傍ら、私にはもうひとつ確かめてみたいことがあった。それは私自身がウニ漁師となってウニを〝獲る側〟となることだ。

この考えに至った理由は、第3章で述べた〝ウニの天敵は人である〟という考えに基づいている。もう少し詳しく説明すると、ウニ漁により一定の数が漁獲されていれば、磯焼けの解消やウニの身入り向上に繋がるのではないか?と考えたのだ。第1章で紹介したとおり、市場価値があるのは身入りの良いウニだ。

ということで、ここからはムラサキウニのクエストの時間だ!

ではウニ漁師になるにはどうすればいいか? 一般の人が勝手にウニを獲れば密漁という犯罪行為になる。合法的にウニを獲るためには、その活動海域を取り仕切っている漁業協同組合(以下漁協)に所属して、漁師になる必要があった。

漁協と漁師の関係を分かりやすくゲーム風に説明しよう。漁協というのはいわば冒険者ギルドである。海域ごとに独立したギルド（漁協）があり、そこに所属した冒険者（漁師）だけが、ウニ漁やイセエビ漁などのクエスト（漁業）を行えるのだ。ギルドは地域ごとに独立して存在しているので、所属するギルドと違う海域ではクエストは行えない。

つまりは、一部の漁を除けば、たとえ漁師でも加盟した漁協の管轄外の海域で漁を行えば密漁になるのだ。ウニ漁を行うために最も重要なことは、活動したい海域の漁協に所属して漁師になることだった。

補足すると、よそ者が突然漁協に加入したいと言ったところで、けんもほろろに断られるだろう。いくら担い手不足とはいえ、良くも悪くも日本の漁業は新規参入者に非常に厳しい。その理由はさまざまあるが、同じ海域で漁を行う漁業者が多いほど競争相手が増えることになり、一人あたりの取分が減ると考える漁師も少なくない。生活がかかっているのだから当然である。

もし漁師になりたければ、まずは行政などが行っている新規漁業者支援制度などを利用することが賢明だろう。しかし、今回私はそれを利用しなかった。

なぜなら、それは漁業者として生計を立てようとする方を助けるための制度。合法的にウニと磯焼けの調査を目的とする私が活用するのは、筋違いだと考えたからだ。それに、1年近く漁師に弟子入りする必要があったことも大きな理由だ。

1ヶ月に15万円ほどいただけるのだが、弟子入りするということは、ほかのことをする時間なんてほとんど取れない。これでは、調査がまったく進まないかもしれない……と考えたのが正直なところ。いいようにいうと、時間の節約と捉えることもできる。

そこで、私は水族館勤務時代よりお世話になっていた漁協の組合長に、正直に相談を持ちかけてみた。すると、加入の可否を決める面接の場を設けていただけることになった。

私はこれまで写真展や講演などを通して、長崎の海の魅力や環境問題を伝える活動をしてきたのだが、そうした取り組みから今回の件に関する誠意を感じ取ってくださったのかもしれない。しかし、いくら組合長とはいえ、独断で加入を許可することまではできない。理事による承認が必要となった。

面接が行われたのは漁協の一角にある会議室。理事たちが6人ほど集まっていた。室内の空気はとても重く、間違いなく人生で最も緊張した面接であった。

磯焼けの問題を見極めるため、という理由で漁師になるという人はまずいないので、面接してくれた人たちも戸惑っていたと思う。

この地域ではウニ漁よりもナマコ漁が盛んなので、ウニを獲ること自体はすぐに承諾していただけた。しかし、漁というのは年間を通してウニだけではなく、ほかの生き物も漁獲するという意味を含んでいる。

なので、自分たちの利益を守りたい理事たちは、そう簡単に頷いてはくれなかった。彼らが気にしていたのは、「ウニを獲りたいというのは建前で本当の目的はナマコを獲ることかもしれない……だからきちんと見極めなければ」ということだったのかもしれない。

「ほかの漁をするということは、ナマコ漁も視野に入ってきますよね？」

1人の理事から発せられた言葉に、組合長はピンときたらしく、私たちの言葉を縫い合わせるようにスルスルと話をまとめていった。

「では、ナマコ漁が盛んな時期はいっさい海に潜らないということを約束していただくのはどうでしょうか？」

組合長からの提案は、理事たちを納得させたうえで、私の願いも叶えてくれた。もしあの場に組合長がいなかったら……と考えると恐ろしい。こうして、私は無事に合格となり、晴れて組合員の一人となることができたのだった。

さて、漁師になるためには、もうひとつ大きな課題をクリアしなければならなかった。お金の問題である。漁師は何かとお金がかかるのだ。まず漁を行うための船が当然必要になる。私の場合はウニ漁を行えればいいので中古の小さな和船で十分であったが、それでも20万円近くの出費になった。

しかし、当然それだけでは終わらない。最も負担が大きかったのは、漁協に加盟するために支払う出資金だった。その額はなんと30万円だ。もちろん、出資金なので漁協を辞める際には戻ってくる仕組みだが、加入するときの実質的な負担になる。この出資金の額は加盟する漁協によって異なるが、このときはざっと見積もるだけでも50万円以上も費用がかかる計算になった。

ほかにも、ウニの畜養に使う設備やウニ漁に使う道具などをそろえる必要があり、なんやかんやで総額は100万円ほどかかっただろう。

当然、そんな潤沢な資金が手元にあるはずもなく、私は人生で初めてクラウドファンディングを行い、たくさんの方の支援のおかげで無事に乗り越えることができた。

こうして、私は晴れて合法的にウニ漁を行える立場となったのだ。

今私が環境保全のためにさまざまな活動を続けられているのも、このときお世話になった方たちのおかげだ。感謝してもしきれない。

厳しすぎたウニ漁のルール

合法的にウニを獲れるようになり、いざ漁を開始！と思いきや、別の問題が浮上してきた。ウニの獲り方問題である。

日本のウニ漁というのはふたつの方法が主流となっている。ひとつは箱メガネ漁。これは箱の底にガラスが張られた道具で船上から海を覗き、手に持ったカギ棒（5メートルほどの持ち手の先にカギが付いた道具）でウニを引っかけて獲る漁法だ。そしてもうひとつが素潜り漁である。名前のとおり、水中マスクとフィンを着けて素潜りでウニを獲る方法だ。２０１３年放送のＮＨＫの連続テレビ小説『あまちゃん』で取り上げられた漁法である。ちなみに、スキューバダイビングによる漁は、国などの許可を得た場合のみ行える特別な漁法で、基本的には認められていない。

私はもちろんやり慣れた素潜りでウニ漁を行うつもりであったが、ここで思わぬ壁が立ちはだかったのだ。

漁の違い

素潜り漁

ウェットスーツを着て、カギ状の棒を持って海に潜る。岩陰などの狭い場所にも手が届くので、船の入れない場所や深い水深でも漁ができる。

箱メガネ漁

箱メガネには海面側に透明の板が張ってあるので、覗き込むと海底を確認できる。ウニを見つけたら、先端がカギ状になっている棒を使って海面まで引き上げる。

それがほかの漁業者からの〝素潜り禁止令〟だった。

水産資源の漁獲方法についての取り決めは、県ごとに条例で定められている。基本的にはそれに準じていれば問題はないが、また別に存在するのが地域ごとのローカルルールだ。

つまり、このルールでNGが出てしまったのだ。理由は、「この地区では素潜りで獲る前例がないし、数名の漁師と相談したが、みんなダメだろうという見解だった」というものので、今まさに私のためにできたようなルールだった。ウニ漁をする人がいない地域だからか、元より厳密なルールは存在しなかったのだろう。

素直に納得できるはずもなかったが、そう

言われてしまえば致し方ない。いくら保全が目的でウニ漁を行うとはいえ、私はよそ者であり漁師たちの目はそれだけ厳しかったということだ。

そこで箱メガネを用いたウニ漁を試してみたが、これがまぁ難しい！　まったくウニが獲れないのだ。素潜りであれば、見つけたら手を伸ばして獲るだけでいい。しかし、箱メガネを使うと視界は狭くなり、カギ状の棒で海面まで引き上げなければいけない。目の前にあるものを手で取るのか、ＵＦＯキャッチャーで取るのか、というくらい難易度が違うのだ。

なので、本来であれば1時間で１００匹は獲れるというのに、10匹獲るにも一苦労である。これを使いこなすには、多くの時間と経験が必要だとすぐに悟った。

そしてもうひとつ私を困らせたのが、海域特有の濁りと地形だった。私が所属した漁協は、大村湾という閉鎖性内湾の海が管轄(地先)であった。この海は一年を通して透明度が3メートル前後しかなく、いくら箱メガネを用いても水深3メートル以深はほぼ何も見えないのである。

また海底地形も厄介であった。箱メガネで見える範囲が岸からわずか3～4メートルしかなく、少し離れると海底は急な斜面となり底が見えなくなるのだ。だからといって浅瀬に寄りすぎれば、船が座礁する恐れもある。素人の私にはあまりに難しい地形をしていた。

困り果てた私は、ウニの畜養場所を提供してくださった、尊敬するレジェンド漁師に事情を相談した。ちなみに、この方は過去に漁協の理事も務めていた大御所でもある。

するとレジェンドは「素潜りを禁止にする必要はないだろうけどねぇ」と私に寄り添ってくれつつ、「そうであれば潜らずに歩きで獲ればどうか?」と提案してくれた。これは素潜りまでいかないが、海に入って足や手の届く水深でウニを獲るという第三の方法だ。

なるほど! 確かにそれならできそうだ! 元々漁師の家系でも、海に潜るのが得意ではない人はこの方法を取っているではないか。水深1メートル前後の浅い場所にもウニは十分に定着している。そして私の身長は180センチメートルある!

実際に浅瀬へ向かうと、腰ほどの水深しかない。こうして、ウニを栗のように拾い集め、素潜りとほとんど変わらない量を確保できたのだった。

尊敬するレジェンド漁師のアドバイスのおかげで、なんとかウニ漁をスタートできた私は、さらなる一歩を踏み出すことになる。

ウニ漁は儲からない！

これがウニ漁を始めた年に抱いた正直な感想だった。このとき、なぜウニを駆除するのではなく、ウニ漁で数を減らそうと思ったのかを少し補足しておきたい。駆除というのは本来、仕方がなく選ぶ最終手段である。なので、駆除という形以外で上手く環境を戻すことができるなら、それに越したことはない。また、もしもウニ漁がきちんと儲かると認知してもらえれば、漁師さんたちにとっても良いことだろうと考えていた。

18時間労働で売上5000円

さて、ウニが高級食材であるという認識は日本人の多くが抱いていることだろう。そんな高級食材の生産者がなぜ儲からないのか。私の実体験を交えて紹介したい。

誤解のないように書いておくが、ウニ漁で一定の利益を上げることは不可能ではない。しかし、それには経験とスキル、漁獲するウニの種類や費やせる労力が重要になる。また、沿岸漁業を営む漁師はひとつの漁だけで生計を立てているわけではない。各季節に合わせて旬の漁を行うことで、まとまった収益を得ているのだ。

私が漁師として漁獲するウニの種類はムラサキウニだ。関東以南で獲られるウニは主にこれである。しかし、実はこのウニは東北や北海道で漁獲されるキタムラサキウニと比べて、取れる中身の量が少ないのだ。

具体的な数値でいえば、1匹のキタムラサキウニから取れる中身の量は、およそ30グラムである。しかし、私が漁獲しているムラサキウニの場合は驚くなかれ、たったの6グラムである！ なんと5分の1ほどしか取れないのだ！ しかもこれは身入りが良い場合の数値であり、磯焼けで餌不足の場合はさらに少なく3グラム以下となる。

ウニはどの種類も剥く手間がほぼ変わらないため、1匹あたりの身入りが多いほど儲けが増える。取れる中身の量が少ないからといって、希少価値が上がるわけでもなく、100グラムあたりの売値はほぼ変わらない。そのため、同じウニ漁であっても種類によって得られる利益に大きな差が生じるのだ。

私にとってウニ漁は何もかもが手探りだった。獲り方をはじめ、場所や時期、獲ったあとの剥き方から道具の使い方まで、ウニ漁をする知り合いなど一人もいなかったこともあり、インターネットの情報や、論文などをもとにひとつひとつ手探りで調べて回った。

忘れもしない、初めてのウニ漁の日。ウニを剥くための道具が一通りそろったところで、手始めに100匹のウニを獲ってみた。午前8時から船を出航し、現場に着くと足のつく水深にいるウニを手カギで1匹ずつ収穫カゴに入れていった。この作業がウニ漁で一番楽しい時間である。元々誰も獲っていない海域なので、30分ほどで100匹を集め終わり、意気揚々と自宅へ持ち帰ったのだが、ここからが地獄のウニ剥きの始まりだった……。

ウニ剥きを開始したのは昼の11時。まずはウニをふたつに割って中身を取り出すのだが、このときに使用するのが、「ウニパックン」と呼ばれる、ハサミと開閉が逆になった専用の道具だ。口の部分に先端をザクッと差し込み、持ち手を閉じると、パカッときれいに半分に割れる。そしてお次はこれまた専用道具の、先が細いスプーンを使って、殻の内側に付いた中身をていねいにかき取り、海水を張った容器に落とし入れるのだ。ちなみに、1匹のウニには必ず5つの身が付いている。

取り出した中身には、ウニの内臓にあたる黒いワタが付着しているので、これをピンセットでていねいに取り除く。それを繰り返し、最後に取り出した身を100グラムごとに分けて、これまたていねいにパックに詰めるのだ。ちなみに、この〝ていねいに〟というのは非常に重要である。ウニは見栄えでセリ値が大きく増減するため、少しでも高値で買ってもらうには詰め方も美しくする必要がある。

ウニ剥きの手順

1
ウニを裏返して、ウニの口に専用の道具を差し込む。ハサミと開閉が逆なので、力を入れるとウニの殻が開く。

2
海水を張ったボウルに、ウニの身を落とす。身を傷つけないように、専用のスプーンでかき出すイメージで。

3
ウニの身に付いたワタや殻を、ピンセットなどで取り除く。

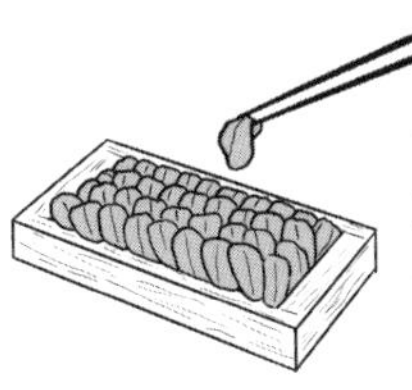

4
ウニの水気をほどよく切り、できるだけ色や大きさがそろうように並べていく。

さて、そんなことに注意しながら臨んだ初めてのウニ剥きであったが、すべての作業が終わったのはなんと深夜2時であった……。労働時間はブラック企業もびっくりの18時間超え！　１００匹のウニから得られたウニの身の量は３００グラムであった。

こんなクソゲー二度とやるかよ！と疲労困憊で布団に潜り込んだが、1時間後の早朝3時には、剥いたウニを片手に魚市へ向かった。これが私の初めてのウニ漁の思い出である。

では、その３００グラムがいくらになったかをお教えしよう。激務の果てに手にしたこの日の売上は、なんと……たった５０００円ほどである！　悲しきかな……。時給２８０円の極貧漁師が誕生した瞬間だった。

漁を続けたら時給がアップ!?

こうして身をもってウニ漁の厳しさを体験した私であったが、実はウニ剥きというのは複数人で行うのが一般的である。たいていは家族総出で行うのだ。私のように一人ですべて剥こうというのはよほどの物好きであり、このことをほかの漁師さんに話すと「そりゃそうなるだろう」と笑われた。しかし、どのみち妻が加わったところで、素人が1人から2人になるだけというのは目に見えていた。

そもそもウニ100匹でわずか5000円の売上である。ここから経費を差し引けば手取りはわずか3000円ほど。これでは大赤字だ。活動を続けるためには、最低でも1万円以上の売上が必要だ。つまり、最低でも200匹は剥けるようになる必要がある。

とにかく、まずは時間がかかりすぎるウニ剥きを効率化する手順を考えた。それに、私自身のウニ剥き速度も上げる必要がある。つまりはレベル上げの時間だ! ウニの畜養作業の合間にひたすらウニ獲りやウニ剥きを行い、実践を重ねていった。

作業の効率化であるが、まずはウニを獲る日と剥く日を分けることにした。いくら楽しいウニ獲りとはいえ、海に入って行う作業は疲労が溜まりやすい。獲ったウニは船からカゴで海中に吊り下げておけば、数日は生かしておけると分かった。

次にウニ剥き作業。当初は殻割りから身の取り出しまで1匹ずつ処理していたが、「殻割り」「身の取り出し」「内臓類の除去」「パック詰め」という工程ごとに分けて作業を行うことにした。

その結果、約1ヶ月後には100匹のウニをわずか2時間で剥き終えるまでにレベルアップしたのだ！　これにより、私が1日に剥けるウニの数は3倍の300匹にまで可能になった！　しかも午前中に剥きはじめれば、夕方には作業を終える速度だ！　単純に計算すれば、約8時間のウニ剥き労働で、売上が1万5000円となる。経費などを考えなければ、当初280円だった時給はなんと1875円にまでアップした！

もちろん、実際はウニを獲る日を合わせた2日分の売上となり、諸経費も差し引けば1日の利益はこの半分以下になるわけだが、それでも当初に比べれば随分と稼げるウニ漁師になったものだ。

変化するウニの身入り

ひとまずウニ剥きが形になってきたところで、ここからが本題である「ウニ漁が行われる海域では環境にどんな変化が起きるのか?」だ。ウニ漁師になったのは、あくまでこの調査を行うための手段である。まずは私がウニ漁を始めたことで起きたムラサキウニの変化と、次に起こった環境の変化についてご紹介しよう。

先に話したとおり、私がウニ漁を行う海域では、ほかにウニを獲る人はいなかったのだが、これが非常に好都合だった。通常、ウニ漁が盛んな地域では資源保護のために禁漁期間が定められているのだが、この地区ではそれ自体もない。つまり、自分で獲る時期を決めて漁を行えるというわけだ。また、ほかに獲る人がいないということは、私が与える漁獲圧の影響だけを観察できるということだ。

まず私が漁を始めるにあたり決めたのが、ウニを獲る場所である。目的である環境の変化を調査するためには、広い海域で闇雲にウニを獲っても意味がない。まずはひとつの入り江を中心にウニを獲ることにした。

次に、主な漁期は3〜5月の産卵期直前までとした。理由はふたつある。ひとつは産卵期前が最もウニの生殖腺が発達するからだ。つまり一年で一番中身が詰まっている時期である。ふたつ目は第3章でも紹介したが、〝ウニが溶ける〟という現象だ。これは、取り出した生殖腺から卵が煙のように拡散する様子を指し、産卵期に入ったウニに見られる。

味は変わらないのだが、身が非常に崩れやすくなり、扱いづらいだけでなく売値も下がる。つまり、身が最も大きく崩れにくい産卵期直前までが、ウニを獲るのに最適な時期なのだ。

さて、ウニ漁を始めたばかりのころは、海底には明らかに殻の大きな個体が多かった。ムラサキウニの寿命は10年弱といわれているが、どれも長生きしていそうなウニばかりだった。

そんな大きなウニならば、さぞ身の量も多いと思うかもしれないが、実はその逆なのだ。大きなウニほど中身が入っていない傾向があり、逆に小ぶりなウニほど身がよく詰まっているのである。恐らく、体が大きいほど、生殖腺を発達させるために多くのエネルギーが必要になるのだろう。しかし、海藻が少ない海域では十分な餌が得られず、身入りが悪くなるのだと推察した。

そこでまず私は、大きなウニを優先的に獲ることにした。大型のウニが減れば、それらが食べていた餌が小型のウニへ回り、結果的に得られる身の量が増えると考えたからだ。

また、海藻が少ない海域はウニの身が痩せて価値がほぼないといわれているが、それも承知のうえでひたすらウニを獲っていった。今は価値がないかもしれないが、もし私が行った漁の結果、ウニの身入りが良くなると分かったら、きっとウニ漁にまたスポットライトが当たる。そうすれば、ウニの全体量が減って、磯焼け問題が改善するかもしれない。あっちもこっちも良い方向に……と考えるのは甘いのかもしれない。しかし、やってみなければ何も分からないのだ。

するとどうだろう。存外いわれているほど身が痩せたものばかりではないのだ。しかし残念だったのは、素潜り禁止なので、水深2メートル以深にいるウニが獲れないことであった。その深さが最も海藻が少なく磯焼けを起こしていたからこそ、獲りたい水深でもあったのに……。

こうして1年目にどのくらいのウニを獲っただろうか。1回の漁で獲るウニの数は約500匹、それを週に3回行っていたから、およそ1ヶ月に6000匹。さらにそれを漁期に設定した3ヶ月間続けたので……約1万8000匹！　改めて数えると我ながらよく獲ったものだ。

その結果、1年目の終わりにはすぐに変化が起きた。まずひとつ目がウニの小型化である。ふたつ目が個体数の減少。3つ目が中身の増加であった。

私はウニ漁を行いながら、ウニの年齢をある程度見極めるスキルを習得できた。

そんな特殊スキルを使ってウニを獲りつつ主な年齢構成を見てみたところ、3つの年齢群で区別できると気付いた。まず明らかにほかよりも大きな5歳以上の老齢個体。これが先ほど述べた、体は大きいが身が入っていないサイズだ。次に最も身入りが良い3、4歳の成体。ウニ漁をするなかで、この年齢層が多いほど取れる身の総量が増えると気付いた。そして、まだ小ぶりな2歳以下の若年個体。身の詰まりは悪くないが、量が少ないお子様ウニだ。

ウニを年齢の高い順に獲りつづけていると、やがて2歳サイズばかりが目に付くようになった。これは当然の結果である。

しかし、獲れるウニの数自体が少なくなったこともあり、このサイズを獲るべきか残すべきかが私を悩ませた。獲ればそのときは1匹でも多くの身が手に入るが、獲らずに1年待てば1匹から得られる身の量は多くなる。

結果的に、翌年のことを考え、可能なかぎり2歳以下は獲らないことにした。私がこのときに目指したのはウニ漁を持続できる環境でもある。獲れるウニが減ったからと2歳のウニまで獲ってしまえば、翌年はさらにウニの数が減り、先細りしていくことは明白だった。

当初定めた場所のウニの数は、私の影響で激減していた。その一方で、1匹のウニから取れる身の量は随分と多くなったのである。これまでは海藻の量に対してウニの密度が高すぎたため、全体に十分な餌が行き渡っていなかったのであろう。しかし、1匹あたりの摂餌量が多い大型個体から減らしたことで、そのバランスが安定したのだ。

つまり、ウニの世界でも高齢化問題が発生し、その結果として食糧難が起きていたのである。

取り出した身は魚市のセリに出荷していたが、私が出荷したウニは当初100グラム1600円前後であったが、1年目の終わりには最高値2800円を記録した。実際にやってみると、なにかと経費や手間のかかる畜養を行わずとも、ウニ漁を計画的に行えば天然でも身入りが良くできることが分かったのだ。

ウニを獲りつづけたら海藻が減った

次に、ウニ漁を始めた結果、海底環境にどのような変化が起きたかを紹介する。「海藻が減る原因＝ウニの大量発生による食害」という構図が正しいのであれば、漁によりウニの数が減れば年々海藻が増えるはずだ。

2年目の時点で、当初定めたエリアだけでは、1回の漁で500匹以上のウニを集めることが困難なほどウニは減っていた。そのため、違う入り江でも集めて回っていたくらいだ。

では、ムラサキウニがそこまで激減した場所で海藻が増えたのか？

……答えはNOだ。

むしろ、海藻は減りつづけたのである。つまり、ウニが減ったにもかかわらず磯焼けが進行していったのだ。私がウニ漁を行っている大村湾という海では、ヤツマタモクというホンダワラの仲間の海藻が主要種である。

環境の良い場所では、これをはじめとした多様な海藻が密に茂るのだが、そうした藻場が近年急速に減ってきている。

大村湾では水深2メートル以深の場所は磯焼け傾向にあり、海藻類が途端に生えづらくなる。これはほかの海域と比較しても異様な光景だ。通常であれば、水深5メートルほどまでは十分に海藻が生えるので、なぜ大村湾だけが生えづらくなるのかが分からない。濁りやすい内湾環境なども影響しているのかもしれないが、場所によってはちゃんと生えているところもあるので、それが原因とも断言できない。

つまり、大村湾で海藻が最も生えるのは、水深2メートルより浅い場所ということになる。

ウニ漁を始めて面白いことにも気が付いた。海藻が繁茂している水深ほどウニの数が少なく、海藻が生えていない水深になった途端にウニが増えるのだ。普通に考えれば、餌である海藻が多い場所ほどウニが集まりそうなものだが、実際はその逆だったのである。

観察してみると、どうやらその原因はムラサキウニの生態が関係しているようだった。実はこのムラサキウニ、各地で磯焼けの原因として駆除対象にされているが、海藻を食べ尽くすといわれているわりに穏やかな性格をしているのだ。

まず、彼らは自分より背丈の大きな海藻、例えばホンダワラやワカメといった海藻には登ることができない。なので、背の高い海藻を食べたくても届かないのだ。

ではどのようにして大型の海藻を食べるのかというと、倒れるのをただひたすら待っているのである。つまり、海藻が波やうねりでちぎれ、海底に横たわったところを食べに来るのだ。まるで木から落ちた果物を食べに来る小動物のように。

そして、海藻が繁茂する場所にムラサキウニが少ない原因も、なんとなく見えてきた。どうやらトゲが邪魔で入れないようなのである。海藻が密生している場所は、陸で例えるならば藪のような状態である。山登りに慣れた人なら藪漕ぎして分け入ることもできるだろうが、多くの人が入りたがらないであろう。密生する海藻を前にしたムラサキウニも、まさに同じ状況。倒れてきた大型海藻や、背丈の低い海藻などをひらけた場所で食べているほうが、彼らにとっては好都合なのだ。

誤解のないよう補足しておくが、これはあくまでムラサキウニの話である。東北以北に生息するキタムラサキウニはまったく事情が異なるのだが、その話は第9章で紹介させていただく。

そんなわけで、ウニ漁をいざ始めてみたら、当初海藻を食べ尽くすほど影響力が強いと思われたムラサキウニからは、案外穏やかで質素な暮らしぶりの生態が見えてきた。その一方で、ウニが減ったにもかかわらず海藻群落の生え際は年々後退していき、ウニ漁を始めた当初は水深2メートルまであった海藻は、3年後には水深1メートル以浅の波打ち際ギリギリまでにしか生えなくなった。

つまりは、この海域ではムラサキウニの数と磯焼けの進行にはあまり関係がなかったのだ。ウニ漁を始めて3年目以降は、コロナ禍になったことや別の仕事が忙しくなったことで、思うように漁が行えなくなった。

経過だけは観察するようにしているが、今ではすっかりウニの数は戻ってしまった。そして、肝心の海藻は、ウニ漁を開始した年から5年が経過した2023年現在、ほとんど生えなくなっている。

大村湾で磯焼けが起こる原因は、どうやらガンガゼ駆除を行っている外洋域とはまた違うようにも思えた。

第6章

ついに見えてきた！
ウニが与える真の影響

ウニ駆除で海藻が生えはじめた

さて、ここからの話は外洋域で行っているガンガゼ駆除に戻る。2019年7月以降は毎月必ず一度は駆除を行い、その記録映像をYouTubeにアップしてきたのだが、2023年8月時点でウニ駆除関連の動画総数は50本を超えた。そして、総再生回数はウニ駆除動画だけでなんと2000万回を超えている。まさかこれほど多くの方に興味を持っていただけるとは……。ご視聴くださっているみなさんには心から感謝したい。

駆除を始めてから約2年が経過した2020年ごろから、海底の様子に変化が起きはじめた。それまで露出した岩肌ばかりが目立っていた海底に、フクロノリやウミウチワといった小型海藻が育ちはじめたのだ。1月ごろに芽生えた小型海藻はみるみる育ち、3月には海底全体を覆うほどになった。ウニ駆除に確かな手応えを感じた瞬間であった。まだ駆除が完了していない地域との差は明瞭で、ウニ駆除のおかげで生えてきたのは間違いなさそうだ。

しかし、気になることもあった。大型海藻のホンダワラ類がなかなか生えてこないのだ。小型海藻と大型海藻の役割を例えるなら〝草原〟と〝森〟。背の低い小型海藻は、海底を覆う

名前のとおり袋状に育ち海底に繁茂するフクロノリ（左）と、扇状に伸びるウミウチワ（右）。

ことでその隙間に小さなエビやカニなどのミクロな生態系が構築される。小型海藻の種類が多いほど、その海底の生態系は広がることになる。

そして、大型海藻の森にはミクロな生き物たちに加え、大型魚やその子どもたちが訪れ、構築される生態系はより規模の大きなものとなる。磯焼けした環境というのは、一般的にこの両方、または大型海藻の森が消失した状態のことを指している。そのため、大型海藻というのは磯焼けからの脱却には必要不可欠な存在なのである。いくら小型海藻が増えたとしても、それだけでは磯焼けが解消したということにはならない。

私が聞いていた〝ウニ駆除による磯焼け脱却の理論〟は海藻を食べ尽くすウニを減らせば藻場が回復する、というものだった。しかし、ウニを減らしたからといって、必ず海藻が増えるという単純な話ではないようだ。そもそも、親となる海藻が減った状況で、海藻の卵や胞子が十分に供給されているのだろうか。そこで私はある取り組みも同時に行うことにした。

親藻を設置せよ

ある取り組み、それは〝親藻の設置〟である。本来は母藻（ぼそう）と呼ばれているが、私はあえて一般の方にも伝わりやすいように親藻と呼んでいる。文字どおり、親となる海藻を生やしたい海底に設置する作業だ。これは私が編み出した方法というわけではなく、以前から全国各地で磯焼け対策のひとつとして実施されている。

ここで少し海藻の寿命について補足を入れておきたい。海藻の寿命は主に2通りある。ひとつは芽生えて一年のうちに枯れていく一年藻。ふたつ目が芽生えて枯れるまでに2〜3年を要する多年藻だ。さらに細かく分けると、多年藻のなかにも一年中藻体が残っているものと、夏場には一度枯れて根元付近や付着器だけが残り、次の冬に再び伸びるものとがいる。みなさんがよく知るところだと、ヒジキがこれにあたる。

どちらの海藻も卵を毎年産み落としはするが、一年藻の海藻に関していえば、翌年どの程度生えてくるかは、卵や定着した芽のうちどれほどが夏を越せたかによって決まる。そこで、

当時行っていたスポアバッグ

スポアバッグは、メッシュでできた袋に海藻を集めて海底に沈めていた。

人為的に親となる海藻を設置し、翌年に生えてくる卵をまこうという作戦だ。

しかし、この親藻の設置にはどうにも問題があるようだった。実際に長崎の漁協が親藻を設置する様子を見てきたのだが、どこも思うような結果が得られていないようなのである。親藻を設置して卵がまかれれば、翌年にその海藻が生えやすくなるという事実は間違いないだろう。ではなぜ上手くいかないのか？

私はその原因が親藻の設置方法にあるのではないかと考えた。親藻の設置には「スポアバッグ」という手法が主に用いられている。スポアバッグとは、親となる海藻を収穫ネットなどのメッシュ袋に詰め、重石にくくりつけて海底に設置する方法だ。実際に設置されたものを確認すると、スポアバッグは海底に沈められており、ほんの少し波に揺られる程度という状態だった。

しかし私は、この方法はホンダワラ類の親藻の設置には適さないのではないかと考えた。その主な理由が、〝卵デカすぎ問題〟である。海藻には2種類の増え方がある。ワカメなどの胞子で増えるタイプと、ホンダワラなどの卵で増えるタイプだ。胞子であれば、ひとつの大きさはおよそ0・01ミリメートルと非常に小さい。一方、卵であれば0・2ミリメートルと非常に大きいのだ。これは目視が可能な大きさであり、取り出してみるとアイスに入っているバニラビーンズの粒のように点々とした卵が確認できる。

さらに、海藻の胞子は「遊走子（ゆうそうし）」と呼ばれ、自力で泳ぐことが可能なのである。一方、卵はそれができない。

では、ネット内に詰められたホンダワラ類の親藻からは、どのように卵がまかれているのだろうか？　私はこれを、卵が大きいせいで袋内に滞留しやすくなっていたり、あまり拡散されなかったりするのではないかと考えたのだ。

また、漁師さんが設置するスポアバッグを見て、問題に感じる点がもうひとつあった。それは設置する漁師さんのほとんどが〝海藻がいつ卵や胞子を出すのか〟を分からずに実施していることだった。海藻は種類ごとにちゃんと卵や胞子を出す時期が決まっている。なんだったら、卵を放出する日まで潮の周期でだいたい決まっているのだ。

しかし、それらは日ごろから注意深く観察していなければ、非常に分かりづらいのである。だから、とりあえず生えている海藻を手当たり次第スポアバッグに入れて投入していたのだ。利用した海藻のなかには未成熟のものや、産卵を終えたあとのものが使われることもあっただろう。

これは磯焼け対策を〝指導する側〟である行政などと、〝実行する側〟の漁師さんとが上手く情報の共有を図れていなかったことの表れにも感じた。あるいは、そもそも指導する側でさえ、そこまで意識したことがなかったのかもしれない。なぜなら、食用ではない海藻を増やす取り組みは、これまでほとんどされていなかったのだから。

私はかねてより、可能であれば漁師さんは漁業に専念し、保全には専門家を置いて行うことが望ましいと考えているのだが、それはこうした背景を見てきたからである。

海藻の専門家ですら手を焼く磯焼け対策を、水産資源を獲ることを生業としてきた漁業者に任せているのが現状である。しかし、実際には直接利益を生み出さない保全活動に、専門家を置くなんて到底叶わぬ話だろう。

直立する海藻に活路あり！

みなさんは、海藻が海の中でほぼ直立した状態でいる理由を知っているだろうか。ワカメもコンブもアカモクも、どの大型海藻も元気が良い状態であれば海面に向かってヒマワリのように真っすぐに立っている。特にアカモクやヒジキなど「ホンダワラ」と総称される海藻たちは、藻体のあちこちに「気胞」と呼ばれる浮袋が作られている。気胞の中には海藻が生成した気体が入っており、この浮力を利用して真っすぐに立っているのだ。

成熟したホンダワラ類には多くの気胞が作られるため、海藻全体の浮力は相当なものになる。これにより海藻は荒波に激しく揉まれても、まるで起き上がりこぼしのように何度も立ち上がることができるのだが、ここに卵を効率よくまくための仕組みがあると私は考えた。

ホンダワラ類が作る卵は胞子に比べて大きくて重いので、完全な海流がない状態であれば、卵は真下に落ちて溜まる。しかし、海藻が直立し、波に揺られている状態であれば、落ちた卵は勢いに乗って拡散されるはずだ。

そこで試してみたのが、親藻となる海藻の根元を直接ロープで基質となる重石に結ぶ方法

疑似的にでも親藻を作れば卵は拡散されるはずだ。

だ。この方法であれば親藻の状態は普段と同じく、海底から立っている状態になる。単純ではあるが、袋の中に詰め込まれた状態よりも何倍も効率的に卵がまかれるはずだ。

設置する親藻は、港に流れ着いた流れ藻や、自然に伸びてきたものを一部だけ刈り取って利用した。また、設置する際にも親藻となる海藻が生えていない場所に置くようにした。もし仮に翌年それらが生えてくれれば、親藻を設置した効果があったとすぐに分かるからだ。

夏から秋にかけては、卵が小さすぎて海藻が育っているのかが確認できないため、ただじっと待つしかない。

さて、設置から1年。その場所がどのようになったかというと……見事に海藻が生えてきたのである！

ついに生えてきた大型海藻

これまでウニ駆除をするだけでは生えてこなかった大型海藻が、親藻を設置すると生えるということが実体験として分かった。これは私にとって大きな進展だった。つまり、抱いていた疑問のとおり、親藻がない状態では卵の供給がほとんどされておらず、ウニ駆除だけでは磯焼けを解消できないとはっきりと確信した。

では次に、設置した親藻からどのくらいの範囲まで海藻が生えてきたかという点であるが、これがまた面白かった。なんと、親藻を設置した場所からたったの数メートルほどにしか生えなかったのだ。予想はしていたが、思っていたよりも範囲が狭いことに驚かされた。となればなおさら、付近に親となる大型海藻が存在しない場所では、いくら待っても生えないわけである。

私が主に親藻として設置した海藻は、アカモク・キレバモク・ヒイラギモク・イソモクの4種類であった。このうち1年後に生えたと確認できたものがアカモクを除く3種類であった。そのときには気が付かなかったが、人の手を加えた状態でアカモクだけが生えなかった理由については、あとで紹介する。

生えてきた海藻のなかでも特に多かったものが、キレバモクとヒイラギモクの2種類である。このふたつはどちらもホンダワラの仲間であるが、最大の特徴は「南方種」とされている点だ。

アカモクやヒジキといった九州から東北にかけて広く分布するホンダワラ類は「温帯種」と呼ばれているが、南方種は文字どおり暖かい海域を好む種類のことだ。長崎では近年、この南方種が増加傾向にある。その理由は温暖化による水温の上昇だろう。私が長崎で本格的に潜りはじめた年が２００７年ごろからになるが、長崎市の外洋側で当時の冬場の水温は11～12℃が平均であった。しかし２０２３年現在、冬場の水温は14℃以下になることが少なくなっているのだ。

大学時代、水産学部生だった私は水温が0・5℃上がるだけで、環境は大きく変わると授業で聞いた。海の環境はそんなに繊細なのかと驚いたが、たった16年で3℃も上がってしまったのだ。海藻をはじめ、海の環境がガラリと変わってしまうのは当然のことなのかもしれない。

近年、水温の上昇によって海の生き物たちが棲む海域に変化が出るようになった。例えば、水温上昇に伴い、ブリの産卵場や生息域が広がっていると考えられており、実際に北海道ではブリの水揚げが増えているという。一方で、漁獲量が減少の一途をたどっているシロザケ（サケ）も、温暖化が進めば生息域が北上する予想が立てられている。そうなれば、ますます日本では天然のサケが獲れなくなるかもしれない。鮭の漁獲量が減れば、輸入に頼るしかなく、とんでもない高級魚になる可能性もある。おにぎりの具にサケが入っていたら「豪華」だと思われる日が訪れるかもしれない。

また、それに付随してイクラなどの値段も高騰する。これはすでにその傾向が表れているし、実感している人もいるはずだ。

人間に関係するのは食の部分が大きいが、海の生き物は変化する環境に合わせて生息域を変えるなどして柔軟に対処している。しかし、ハゼやギンポなどの回遊性の低い生物のなかには、速すぎる環境の変化に適応できず、数を減らすものもいるだろう。また、たとえ遊泳力が高い魚であっても、餌生物の減少や産卵に関わる環境などに変化が起これば影響を避けられない。急激な環境の変化は、海全体に大きな影響をもたらすことになってしまうのだ。

海藻の分布図

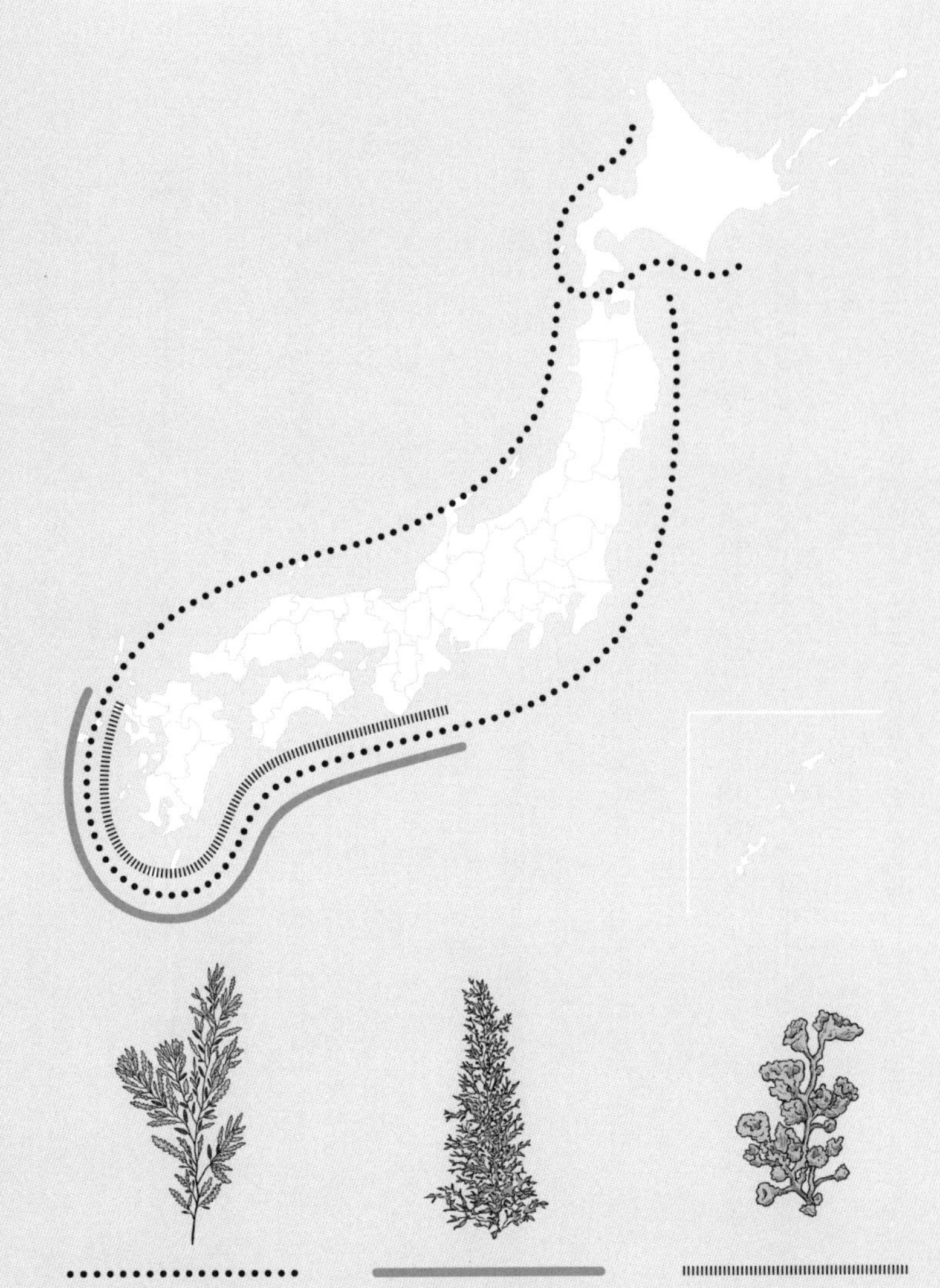

アカモク

海藻のなかでも最大級に生長し、藻場を形成。また、流れ藻の大部分を占める。卵を作る部分の生殖器床は、茹でて食べるとおいしい。

キレバモク

茎に小さなトゲが付いていて硬いので、魚たちが好んで食べることはない。ただし、魚たちの住処になったり産卵場所になったりする。

ヒイラギモク

温暖化の影響で増えつつある南方の海藻。うちわのような葉っぱが特徴で、一見やわらかそうだが、硬いので魚たちには好まれない。

海藻を生えやすくするための下地作り

ウニ駆除や親藻の設置を行い、それによる変化をほぼ毎週潜って観察できたことで、ようやく私が駆除しているガンガゼの本当の影響力が見えてきた。

当初はウニたちが海藻を食べ尽くしているのだといわれていたが、やはり私が疑念を抱いていたとおり、ガンガゼもムラサキウニもある程度まで育った海藻はほとんど食べていない。どうやら、彼らが食べていたのは海藻の芽や卵、あるいは背丈の短い小型海藻が主だったのである。

そして、ウニ駆除のもつ効果とは、すなわち〝海藻を生えやすくするための下地作り〟であると私は結論づけた。

つまり、ウニが多い場所では下草にあたる小型海藻や、メインとなる大型海藻の卵や芽が定着しづらい環境になってしまう。そこで一定の数のウニを間引いてそれらが定着しやすい環境を整える役割ということだ。

小型海藻のほとんどは胞子で増える。それに数もある程度は残っていることが多いので、

ウニを駆除して減らすだけで回復することが多い。しかし、大型海藻の場合は親藻が少なくなると、次世代の卵や芽の供給が極端に低下する。それに加え、ウニをはじめとした藻食類の貝などにも餌とされるので、ウニ駆除をしただけでは満足に回復できないのだ。

私がウニ駆除を続けるなかで感じた、磯焼けが起きるプロセスはこうだ。例えば、水温の変化や水質の状態によって親の海藻群が極端に減る。すると当然、次の年に繋がる卵や芽の数は極端に低下してしまい、その少ない餌をウニなどがこぞって食べるので、翌年はさらに親となる海藻が生えなくなるという悪循環ができてしまうのだろう。つまり、ウニが海藻を減らすきっかけになるわけではないのだ。次の項目で紹介するが、海藻が減るときは年々衰退していくというよりも、それまでは茂っていたのに翌年パタリと生えなくなった、というパターンが実は多い。

本来は海藻が突然生えなくなる原因が分かれば一番良いのだろうが、これが本当に難しく、いまだに私にはこれだという理由が分からない。しかし、確実にいえるのは、ウニだけが海藻を食べ尽くした悪者というわけではなく、彼らもまた突然食糧難が押し寄せてきたという磯焼けの被害者なのだ。

消えたアカモクの謎

ようやく大型海藻を生やす方法が見つかり、ウニ駆除の効果とその意味が分かってきたと思った直後、大事件が発生した！　私は２０１８年からこの海域に潜りはじめたのだが、それまで毎年必ず春から初夏にかけて繁茂していたアカモクが消えたのである！　磯焼けの影響でアカモクの全体的な数は減っていたが、まったく生えないということはなかった。数を減らしながらもきちんと繁茂していたのだ。

ここでアカモクという海藻と、その重要度をみなさんにもぜひ知ってもらいたい。まず、アカモクは国内でも最大級の高さに育つ海藻である。その最大全長はなんと10メートルを超えることもある。さながら日本版ジャイアントケルプといったところだ。

ホンダワラと総称される海藻のひとつであり、九州から北海道までほぼ日本全域に分布する。長崎では毎年1月ごろから生長を始め、４～6月にかけて巨大な藻場を形成し、その巨大で美しいアカモクの森はダイビング時のひとつの見どころにもなっていた。さらに、流れ

生育状況が悪く、弱々しいアカモクの姿。

藻にもなることから、海で暮らす生き物たちにとっては卵を産みつける大切な場所として役立っている。

しかし、忘れもしない2021年の春。アカモクが、その年を境にいっさい生えなくなったのである。その異変にはすぐ気が付いた。あれだけ海底を埋め尽くしていた海藻が、時期になってもまったく繁茂しないのだから当然である。例年なら海藻周辺に集まるアジやメバルの幼魚なども減っていた。海底をくまなく探すと、岩の上で見つけたのは、まるでミイラのように細く弱々しい姿のアカモクであった！

改めて見渡してみると、すべてのアカモク

が同じような状態になっている。通常なら全長5メートル前後に伸びているはずが、わずか20センチメートルほどで生長が止まり、まるで干からびたような姿になっている。これは何か危機的な問題が起きているに違いないと思い、それらを急いで採取。かねてから親交のあった、長崎大学の和田教授のもとへ持ち込んだ。和田教授は海底に棲む微生物や、それに付随する環境問題などを研究されている方だ。海で見た光景を説明すると、和田教授は「海藻といったら桑野教授のほうが適任だな」と、隣の研究室にいる桑野教授を私に紹介してくれた。桑野教授は、日本では数少ない海藻種苗の育成を専門にされている方である。

持ち込んだアカモクの状態は海藻を専門にされる桑野教授ですら、あまり見たことがないとのことだった。顕微鏡で断片を調べていただいたが、その原因を特定することはできなかった。アカモクはウニ駆除以前から毎年繁茂していたし、駆除を開始してからはウニの数も減った。それでもいびつな形のアカモクが全体に広がったのだから、原因はウニではない。初めてウニ駆除に参加したあの日。ウニ駆除を行えば海藻が回復するとともに、今ある藻場も守れると聞いていたし、漁師さんたちもそれを信じていた。しかし、実際に観察してみるとウニをいくら駆除しても結局は海藻が減っていく、という現実だけが突き付けられた。親藻の設置で分かったとおり、卵を落とす親がいなくなれば、翌年はさらに生えなくなってしまう。こうなってしまった以上、アカモクは今後この海域には生えなくなるだろう。今回も何も守ることができなかったと悲観していた私に、桑野教授が思いがけない言葉をかけてくれたのだ。

「アカモクを育ててみませんか？」

なんと、桑野教授は10年前からアカモクの種苗も研究育成されていたのだ！ 先生が育てた種苗を使って、問題が起きた原因やアカモクの再生を試みてはどうかと提案してくださったのである。アカモクの消失は長崎だけでなく各地で報告されている。上手くいけば日本各地でアカモクが消える原因や、再生するためのヒントが得られるかもしれない！

そして翌2022年、アカモクが消えた謎を解き明かし、再びアカモクの森復活を目指す「アカモク育成プロジェクト」がスタートした。

海の生き物トピックス　vol.2

家族愛にあふれたゴンズイは はぐれずに海の中を進む

黄色に黒のストライプ柄という毒々しい見た目どおり、背ビレなどに毒針を持つ魚、ゴンズイ。しかし、実はとても家族愛にあふれており、数十匹もの群れで行動する。それらはなんと兄弟で、親は孵化した子どもたちを巣の中でしばらく保護するそうだ。また、兄弟同士を匂いで判別できるので、ほかの群れと混ざってもはぐれない。

育児よりも恋愛が優先? 子まで食べる恐ろしい魚

クロホシイシモチは、オスが口の中で卵を育てることから、「マウスブリーダー」とも呼ばれている。卵が孵化するまで飲まず食わずで子どもを育てるのだが、なかにはメスの猛烈なアプローチに負け、くわえていた卵を捨てたり、食べてしまったりするケースもある。海の中も人間の世界と同じように、波乱万丈な生き方を選ぶ魚がいるのだ。

居眠りは事故の元! 慌てたウスバハギの急加速

魚は寝ているとき、無防備なことが多い。そっと近づくと、手で触られるまで気付かない魚もいる。なかには、寝ている間に流されないよう、口先で海藻をくわえたまま眠るなどの工夫をする魚もいるので面白い。ある日、寝ているウスバハギに近づくと危険を察知して急加速!　岩へと激突し、フラフラと脳震盪を起こしているようだった。

魚とエビのシェアハウス? ギブ&テイクの共生関係

ハゼの仲間にはエビと共同で巣穴に棲むものがいる。代表的な例はダテハゼとニシキテッポウエビだ。目の悪いニシキテッポウエビに代わって、ダテハゼは周囲を警戒。反対に、ニシキテッポウエビは大きなハサミを生かして、海底に巣穴を作るのだ。お互いが得意分野で助け合う姿は、種類を超えた共生と呼べるだろう。

第7章

藻場を取り戻せ！ アカモク再生プロジェクト

アカモクの重要性

アカモク再生プロジェクトの目的はふたつである。ひとつ目はアカモクが一斉にミイラ化した原因の究明、ふたつ目は失われたアカモクの再生だ。アカモクは国内での分布域も非常に広く、鹿児島から北海道の南部までと、ほぼ日本全域の海に広がっている。なかでも秋田や新潟などの北日本では、昔から食用として利用されており、近年では健康に良い食材としても注目を浴びている。

アカモクには重要な役割がある。それは多くの生き物たちの住処や産卵場所、餌場となることだ。これは、豊かな生態系を育むうえでかけがえのない場所である。そしてもうひとつの重要な役割が、〝流れ藻〟になることである。なんと春から初夏にかけて浮かんでいる流れ藻の大部分が、アカモクで構成されているのだ！

つまり、アカモクがなくなるということは、藻場を利用する生き物だけでなく、流れ藻を利用する生き物までも影響を受けることを意味する。

アカモク自体は食用に利用されているとはいえ、コンブやワカメといった海藻に比べれば人の利用頻度は劣る。しかし、海の中ではそれらに匹敵するか、それ以上に重要な役割をもつ海藻なのである。

しかし近年、このアカモクが消失する問題が各地で相次いでいるようなのだ。

例えば、今回の長崎以外でいえば、神奈川県の葉山町にある芝崎海岸でも目の当たりにした。

私がそこを初めて訪れたときには広大なアカモクの藻場が形成されていたが、２０１４年以降に訪れたときにはいつの間にか消失していた。

こうした海藻の消失は、気付かないだけで国内のさまざまな場所で起きている可能性が高く、気付いたときには藻場がなくなっていたということがほとんどである。

しかし今回、私が幸いだったのは、今まさにアカモクの藻場が失われようとする瞬間を観察できたことだ。そして、そんなアカモクの種苗を研究している桑野教授との出会い、これはもはや私に定められた使命のようにさえ感じられた！

アカモク再生プロジェクト

アカモクのミイラ化事件の翌年である2022年の1月、いよいよアカモク再生プロジェクトが始動した！　まず初めに行ったのは苗の設置である。桑野教授からアカモクの苗が付いた「種糸」と呼ばれるテープを、約100メートル分提供していただき、それらを海底に設置する作業だ。この作業は海藻養殖においては「沖出し」と呼ばれている。

使われている種糸は、同じ長崎県内のアカモクから受精卵を採取し、それを8ヶ月ほどかけて研究室で桑野教授と学生たちが育てたものだ。アカモクの卵の大きさは0.2ミリメートルほどであるが、沖出しするころには1〜2センチメートルに育っている。桑野教授は苗の提供をサラッと提案してくれたが、ここまで育てるのに10年もの歳月を研究に費やしている。桑野教授がいなければ、アカモクが消えた時点で私の活動は終わっていただろう。

まず海底には、種糸を固定するためにロープを張った。そこにアカモクの苗が付いたテープを沿わせ、結束バンドで固定していく。設置場所は、アカモクが生える条件に適した岩礁域の浅瀬が良いと考え、水深3メートルほどの岩場に2列に分けて設置。海藻は陸上の植物と同様に光合成を行うので、日光が当たる浅い水深が望ましい。特に海中に降り注ぐ光はすぐに減衰するので、水深が数メートル変わるだけでまったく生えなくなる海藻もあるのだ。

設置を開始した日は1月初旬、本来なら天然のアカモクも春に向けて急生長を始める時期だ。教授が育てた苗の状態は良好。海藻を苗から育てるのは私にとって初めての試みである。果たして無事に育つのか。それともこの海はアカモクが育たない環境になってしまったのか。

設置から2週間。冬の生長期を迎えた海藻たちは、2週間もあれば倍の高さになっているはずだ。順調ならアカモクの苗も育ちはじめているころだろう。頼む！ 育っていてくれ！


高まる期待を胸に苗の様子を見に行ってみると……あれ、生長が悪い。

設置したアカモクの苗を見ると、長さが1センチメートルくらいのままで色味も悪い苗が多い。アカモクの元気な苗は明るい山吹色をしているが、調子が悪いものは焦げ茶色になるのだ。それに苗そのものがなくなっている箇所もある。これはもしかして、魚に食べられているのか？

早くもプロジェクトの雲行きが怪しくなってきた。しかし、初めての試みで何も分からない以上、このまま継続して苗の様子を見守るしかなかった。

食害から海藻を守る防護柵

苗の設置から早1ヶ月が経過した。設置直後は雲行きが怪しかった苗たちであるが、その後も様子を見守りつづけていると、徐々に生長が見られるようになった。当初は2センチメートルほどであった苗は、大きいもので6センチメートルほどにまで生長をしていた。しかし、残念ながらこれで一安心というわけではない。

生長している苗は確かにあったものの、それは全体の3割ほどでしかなかった。残りの多くは相変わらず伸び悩んでいる様子だったのだ。いや、むしろ苗によっては設置時より短くなっているものや、そもそもなくなっているものも散見されるなど、とても順調とはいいがたい状況であった。

果たしてこれは魚からの食害による影響なのか、あるいは水質の問題なのか。とにかく何か手を打ったほうが良さそうだ。生長が悪い苗の状態をよく観察してみることにした。

状態が悪い苗は総じて色が焦げ茶色になっており、山吹色の苗とは明らかな差が見られる。

育ちが悪いものは葉の形すら分からないが（左）、育ちが良いものは小さいながらも海藻の形をしている（右）。

また葉の様子もおかしい。健康なアカモクの葉状部は、どんぐりの木で知られるクヌギの葉のようなやや細長い形をしている。しかし、状態が悪い苗の葉はまるで「オバQ」の髪の毛のようにピョロンと数本生えているだけ。それに、状態の良い葉であってもところどころ不自然に欠けた部分が見受けられる。

生長具合は苗によってまちまちで、まったく育っていないものもあれば、やや育ったところで状態が悪くなっているものもあった。そんな苗の前で原因をあれこれ考えながらしばらく経過を見守っていたある日のこと、それは突然現れた！

1匹のニザダイがスーッと現れ、目の前でガブリと苗を一かじりして去っていったのである！

「あ、食べられてるわコレ」

ニザダイは海藻を食べることで知られている雑食性の魚だ。

魚が入り込まないように、金網を設置してアカモクを守る。

これといって珍しい魚でもなく、長崎の海にはたいていどこにでも生息している。確信がもてずにいたが、葉の不自然に欠けた部分は魚たちがかじった跡だったに違いない。

水質に問題があればそれまでだが、原因が魚による食害であれば対策のしようはある！ホームセンターでシート状の金網ネットを購入し、それを苗が付いているロープが円筒形に包まれるような形にして上部を留めた。簡易的ではあるが魚の食害から海藻を守る防護柵の完成である！

しかし、本当に魚による影響だけが原因かを比較する必要もある。何かを調べるときには対照実験が重要なのだ。すべてに金網ネットを被せるのではなく、一部はそのままの状態で生長を見守ることにした。

苗の設置から約2ヶ月が経過した3月初旬のことである。果たしてこれで無事にアカモクは育ってくれるだろうか……。

海藻を狙う藻食魚ＢＩＧ３

苗の生長を妨げている原因が魚による食害という仮説を立て、金網ネットを設置したのだが、目撃したからといってすべての犯行がニザダイによるものとは到底思えない。なぜならこの海域には、海藻を食べる雑食性の魚がほかにも数種類生息しているからだ。なかでも以前から磯焼けの原因のひとつとして、ウニと並んで注視されてきた魚たちがいる。

アイゴ、ブダイ、イスズミの藻食魚ＢＩＧ３だ。これらはかねてより藻場を食い荒らす魚として磯焼け対策を行う行政や漁業者に恐れられており、地域によってはトラップなどを仕掛け、駆除も行われている。もちろん私が活動する海域にも生息している。苗周辺に生息する魚のなかで警戒すべきは、ＢＩＧ３の可能性が高い。しかし、これまで磯焼け対策においてノーマークだった魚のなかにも、怪しいものがいる。メジナとベラである。

雑食性のメジナは海藻も食べることで知られ、アカモクが生える浅い岩礁域において最も数が多い藻食魚だ。苗を設置した浅瀬でも、20匹ほどの群れで回遊する姿を目撃している。

次に怪しい魚はベラである。しかしこの魚がほかと違うのは、基本的に海藻を食べないこ

海藻を狙うBIG3

アイゴ

ヒレに毒があるので釣り人に嫌われがち。雑食だが海藻を特に好む。

ブダイ

温帯域に生息している魚。大きいうろこがあり、目が小さくて愛嬌のある顔をしているのが特徴。

イスズミ

腸の中で海藻を発酵させるため、身が臭いと嫌われがち。釣り上げた瞬間に腸の内容物を漏らすため、ババタレウオとも呼ばれている。

とである。ではなぜ怪しいと考えたか。ひとつ目の理由は、数が非常に多いからだ。ここでいうベラというのは主にササノハベラ・ホンベラの総称を指す。この2種類はとにかく数が多く、潜っているときによく見かける。ふたつ目に、ベラたちは海藻上で生活している小型の甲殻類を頻繁に捕食するので、海藻も一緒にかじっているのではないかと考えた。

設置した金網ネットの目合いは5センチメートルほどだ。これはつまり、ネットをしたにもかかわらず食害が起こったら真犯人は体の小さいベラの可能性が高くなるし、食害が止まればネットを潜れない大きさの魚が影響していると分かる。果たして真犯人はこのなかにいるのだろうか。

急生長を始めたアカモク

2日ごとにアカモクの生長を確認したい気持ちでいっぱいだったが、講演依頼や別の地域への視察などがあり、なかなか観察できなかった。悔しい気持ちはあったが、致し方ない。苗の様子をようやく確認できたのは苗に金網ネットをかけてから10日後。果たして無事にネット内の苗は育っているだろうか。潜る準備を済ませ、足早に設置場所へと向かう。海中の透明度はせいぜい8メートルほどしかないため、ロープの目の前まで行かなければ様子を確認できない。近づくにつれて徐々にネットが見えてきた。

果たして苗の状態は……。

「めちゃくちゃ育っている！」

ネット内の苗は無事に生長していた！　ネット設置時はせいぜい6センチメートルほど

だった苗が、なんとわずか10日のうちに20センチメートルほどにまで生長していたのだ！一方、ネットで保護しなかった苗の様子はというと、やはり設置前と同じで生長がほぼ見られなかった。

つまり、睨んでいたとおり、苗の生長を妨げていた原因は魚による食害で間違いない！そして、私が疑っていたベラたちは完全に冤罪だった！　すまない！　しかし、これで苗を食べていた犯人はネットには入れないサイズの魚、というところまでは分かった。

その後もネットで保護した苗は順調に生長を続けていったが、ここで次なる課題が立ちふさがった。「いつまで保護するのか問題」である。

これまで紹介してきたとおり、アカモクは国内最大級に生長する海藻である。設置した保護ネットの高さはせいぜい30センチメートル程度だ。当然、この程度の高さはあと数週間もすれば超えてしまう。そうなれば、今度はネットが生長を阻害する原因になりかねない。しかし、ネットがないと食害にあうと分かった以上、迂闊（うかつ）に外すこともできない。

では、安全にネットを外せるタイミングは来るのだろうか。そこで考えたのが、魚に食べられる速度と、アカモクの生長速度との兼ね合いだ。

いくら藻食魚の影響があるとはいえ、元からこの場所に生息している魚たちである。そしてこれまでは問題なくアカモクも生えていたのだから、どこかにバランスがとれるタイミングがあるはずだと考えた。そこで私は「アカモクが一定の高さまで生長すれば、以降は食害の影響は小さくなる」という仮説を立てた。

天然に生えるアカモクの生長をこれまで幾度も観察してきたが、2月から4月にかけての生長速度は目を見張るものがある。わずか2ヶ月の間に3メートル以上も伸びるのだ。魚による食害を海藻の生長速度が上回るタイミング。ネットを外すのはそこが目安になるだろうと考えた。

しかし、ここまで育てば安心できるという明確な基準はもちろん存在しない。完全に手探りというわけだ。そもそもネットの高さを上げられない以上、今回はその高さギリギリまでをひとつの目安とすることにした。

予想外の全滅

アカモクの苗を設置してから68日目、ネットで保護してからは17日目となる3月末。早くも保護している苗が生長し、ネットの上部にまで達していた。育った海藻の高さはおよそ50センチメートル。もちろん、ネットをしていない苗は相変わらず食害を受けており、葉も茎もボロボロの状態で、高さは5センチメートルにも達していない。魚による食害の有無でこれほど差があるのかと驚かされる。ネット内のアカモクの生長速度は日に日に増している。仮説が正しければ、ここから先ネットで保護せずとも育つはず。しかし、食害にあえばこの年のアカモク育成はゲームオーバーだ。

そんなプレッシャーを感じながらも、成功を信じてネットを外すことにした。外すといっても上部を留めていた結束バンドを外し、苗が育った箇所の天井を開放するだけだ。これなら魚が食べに来たとしても、サイドからの攻撃は防いでくれるだろう。ネット上部を開放してから4日後。アカモクは……無事に育っていた！

わずか4日しか経過していないというのに、最も育った株では長さが70センチメートルを

すくすくと生長したアカモク（左）が、たった13日後（右）にはきれいに食べられてしまった。

超えていた。なんと、ネットを外してから20センチメートルも生長していたのだ。

　ここまで生長してくれたのならもう安心だ！　たとえ魚が食べに来ようとも、ここから先は無事に育ってくれるだろう。私は保護せずとも立派に育ったアカモクを見て、心の底から安堵し、アカモクがこのまま無事に生長してくれると確信した。


が、しかし。このときの油断が悲劇を生む……。

　少し期間が空いた13日後、苗の設置からは通算85日目。すっかり成功を確信していた私は、アカモクが無事に育つことになんの疑いも抱いていなかった。少し間が空いてしまったが、きっと今ごろとんでもなく生長しているぞ！と、期待に胸を膨らませアカモクのもとへ向かう。しかし、そんな私を待ち受けていたのは……無残にも食い散らかされた姿であった！

　予想しなかった光景に状況を理解できない私。なぜ70センチメートル以上まで生長したアカモクがボロボロになっているんだ？　食害が起きるのは初期だけじゃないのか？　いや、そもそもこれは食害を受けたのか？ さまざまな疑問が頭の中を駆け巡っていく。

改めてボロボロになったアカモクの状況を観察してみると、長さは前回確認したときと変わらないが、最も大きな変化は葉の状態だ。前回までフサフサに生い茂っていた葉の大部分がなくなっており、茎だけがヒョロンと残っている。一方、金網ネットの上部を開放していない場所のアカモクは前回と変わりなく元気な状態であった。となれば、やはり状況から見るに魚による食害で間違いなさそうだ。

アカモクは5月には生長を終え、それ以降は枯れると分かっているのに、どうすればいい？ しかし、この食害が起きたのは4月中旬である。時期的にも、これだけの食害を受ければ、生長は見込めないだろう。残念だが、この年に打てる手はない。まだネット内に残っているアカモクも、あと数日中には生長できる高さの限界を迎えるが、ネットを外したら同じように食べられるのは目に見えている。まさかここまで育っても、食害が起きるとは……。

諦めよう……今年のアカモク育成は失敗だ。その大きな敗因は魚による食害を軽視していたことだ。しかし、このまま転んで終わりにするわけにはいかない！ 翌年、同じ問題に直面することは分かっているのだから。であれば、残ったアカモクを使って、食べた犯人を特定する！ それがきっと来年のアカモク育成で成功する鍵になるはずだ！

海の生き物トピックス　vol.3

かわいいのは映画だけ？恐れ知らずのクマノミたち

かわいらしい見た目と、某映画の影響ですっかり人気者になったクマノミ。しかし、繁殖期に入った途端に、彼らは誰にでも噛みつくほど凶暴になる。自身が縄張りにしているイソギンチャクに近づく相手には、どんなに体の大きな相手だろうと、アゴをガチガチと鳴らして威嚇。それでも近づく相手には、噛みつきタックルをすることも。

海藻は花の咲かない植物！卵や胞子で増えていく

海藻は種子植物ではないので、いわゆる「種」は作らない。海藻には、卵で増えるものと胞子で増えるものがある。例えば、アカモク（写真）は卵で増え、おなじみのワカメやコンブ類は胞子で増えるのだ。

岩の上で待ち合わせ恋人ならぬ〝恋魚〟

ミノカサゴは、水族館などで目にする機会も多い幻想的な魚。彼らは見た目のとおりロマンチストで、繁殖期になると産卵のために決まった相手と待ち合わせをする。メスは目立つ岩の上でオスを待ち、オスもメスのもとに急いで向かうという、ほほえましい姿が見られる。

甲殻類の悲しい運命……脱皮に失敗すると死ぬ

イセエビなどの甲殻類は脱皮を繰り返す生き物で、脱皮するごとに大きくなる。しかし、脱皮も命がけ。上手くできないと、関節などに皮が挟まり動けなくなって死んでしまう。脱皮したばかりの体は、ソフトシェルと呼ばれるとてもやわらかい状態。外敵に狙われると、逃げるのが一層難しくなる。

第 8 章

人間VS魚の仁義なき戦い

最強の刺客

ネット内で十分に育ったアカモクであっても、その保護を外せば何者かによって食べられてしまう。この問題を解決しなければ、アカモク再生プロジェクトの成功はないだろう。対策を考えるにも、まずは敵の正体を確かめる必要があった。

陸上用であれば、動物を撮影するための監視カメラなどが市販されているが、水中用でそのようなものは基本的に売られていない。できればタイムラプスではなく映像として海藻を食べる瞬間を押さえたいが、そのためにカメラを特注するとなれば莫大な出費となるだろう。

何か方法はないかと考えたとき、目に留まったのが、自宅の隅に転がっていた水中ハウジングだ。これは、水からカメラを守る防水ケースのこと。水中で写真や映像を撮るときは、この中にカメラを入れて撮影する。しかし、ほかの機種との互換性がないため、カメラを交換すると以前のハウジングは使えなくなってしまうのだ。ためしに、ハウジングの中にGoProとモバイルバッテリーを入れると、幸いなことにギリギリ収まった！　バッテリーの稼働時間は8時間もある。これなら日中の様子を撮影できるそうだ。

水中ハウジングを使って作った、水中監視用カメラ。

早速自作カメラを片手に海中へと向かった。残っていたアカモクのネットを外し、その前にカメラを設置する。育てたアカモクを囮(おとり)に使うのは本当に心苦しかったが、必ず倍に増やしてやるという強い決意がみなぎった。

問題は犯人がどの時間帯に食べに来ているのかだ。バッテリーが8時間しかもたないので、仕掛けられる時間帯は2パターンだ。日の出前の4時～12時か、それとも日暮れ狙いの11時～19時にするか。いや、むしろ日中であればまだ良いが、もし夜間に食べていたら作戦は徒労に終わる。夜の海は真っ暗闇で何ひとつ映らないからだ。

……いや、悩んでいる時間などない。数日に分けて、朝も昼も夜も観察すればいいのだ。4日間にわたり時間帯をずらしながら撮影を重ね、カメラを翌日に回収しては、撮れた映像を隅々まで確認していく。この作業はなかなか骨が折れたが、その海域で魚たちがどのように活動しているかを知るには、最高の資料ともなった。

まず現れたのが、藻食魚ＢＩＧ3として悪名高いアイゴだ。磯焼けという言葉が普及しはじめたときに、まず原因として挙げられた元祖藻食魚でもある。映像にはアカモクの周囲を大きさ30センチメートルほどのアイゴが3、4匹で泳ぐ様子が映っていた。海底をついばむような仕草をしており、どうやら岩に生えている小型海藻を食べているようだ。そのままアカモクも食べるのか？と思いきや、意外にも興味を示さず目の前を素通りし、再び岩上の小型海藻をついばみだした。あれ？　噂に聞いていた生態と違って、ずいぶんと大人しい。

8時間の映像中、アイゴが登場した時間は10分ほど。時折10匹以上の群れで通ることもあったが、やはりアカモクには興味を示さず去っていく。アイゴは犯人ではないのか？

カメラを仕掛けては回収する作業を連日繰り返した結果、ついにその瞬間が訪れた！　時刻は17時30分を過ぎ、日没まで残り1時間というときに、1匹の魚が現れた。藻食魚ＢＩＧ3のひとつ、イスズミだ。丸々と太った立派な成魚である。現れたイスズミはアカモクまで一直線に泳いできたあと、目の前でピタリと停止した。そして次の瞬間、パクパクとアカモクを食べはじめたのである！　犯人はお前だったのか！

さらに驚いたのはその食べっぷりである！　とにかくアカモクだけを狂ったように食べるのだ！　それ以前に撮れていたアイゴなどの藻食魚は、常に移動しながらチョコチョコと海底に生えた海藻を食べていた。いうなれば商店街で、いろいろなお店の総菜を食べ歩く感じだ。しかし、イスズミは違う。こいつだけはアカモク一本狙いで、ほかの海藻には見向きもしない。アカモクだけを見つめるその目には、狂気すら感じるほどだ！　8時間の映像中にイスズミが映っていたのは、アカモクを食べにきた一度だけである。そして10分ほどアカモクを堪能すると、満足したのか去っていった。

次の日、再び夕方狙いでカメラを仕掛けると、やはり日暮れ1時間ほど前にイスズミが現れ、同じように10分ほどアカモクを食べつづける姿が映っていた。魚は体の模様パターンから個体を識別できるのだが、どうやら前回来ていた個体と同じようだ。

イスズミのほかに、アカモクを食べる魚は映っていない。間違いない！　アカモクを食べていたのはこのイスズミだったのだ！　たった1匹のイスズミに、数ヶ月かけて育てたアカモクは食べ尽くされたのか……。

こうしてプロジェクト初年度は失敗したが、次回に繋がる貴重な記録を得ることができた。

自衛のために自らを不味くする

生長したアカモクを食べていた犯人がイスズミであることを特定し、1年目の挑戦は幕を閉じた。

海藻を育てるにあたり一番もどかしい点は、チャレンジできる時期が限られていることだ。アカモクは1月ごろから生長を始め、5月には枯れてしまう。そのため、海藻の育成に挑戦できるのは、実質年に一度だけだ。今回のように失敗すれば、次に挑戦できるのは1年後になる。果たして藻場を復活させるまで、どれくらいの歳月がかかるだろうか。考えだすと気が遠くなる。しかし、初年度の試みとしては多くの成果を得られた。

まずアカモクの苗は、食害さえ防げれば育つと分かった点。もし水質に問題がありいっさい育たないのであれば、打てる手だてはないだろう。次に、食害を受けると苗の状態が変化することも分かった。食害にあった苗は総じて色が濃くなり、茎が硬くなる。また、茎には健康な苗よりも多くのトゲが形成されていたのも特徴的だ。

そこで私が立てた仮説はこうだ。

「食害を受けた苗は、身を守るために生長エネルギーを使用する」

茎を硬くしたり、トゲを増やしたりして魚が食べづらいよう自らを不味くしているのだ。その変化にエネルギーを費やすため、生長が止まるのではないだろうか。

そして、もうひとつ分かったことがある。

「一定の高さまで生長した苗は、そのあとに食害を受けると枯れてしまう」ということだ。

5センチメートル程度までなら、食害を受けたあとでもネットで保護すれば再び伸びはじめたが、20センチメートルほどまで生長したものは残念ながらすべて枯れてしまった。これらを踏まえ計画の発端となったアカモクのミイラ化事件を振り返ると、あのときに枯れていたアカモクは総じて背丈が低く、20センチメートルほどで生長が止まっていた。このことから、生長の途中で何かしら強いストレスを受ける問題が起きた可能性が高そうだ。しかし、それが食害によるものかどうかはまだ分からない。

さて、あっという間に時間は流れ2年目の挑戦が始まった。

本当の黒幕を探し出せ

2023年1月初旬、アカモク再生プロジェクト2年目の挑戦が始まった。最初にやるべきことは分かっている。防護ネットの設置だ。昨年の経験を生かし、今回は苗の設置初日から防護ネットを付けた。これでひとまずネットから出すまでは無事に育つだろう。

加えて、今回はネットによる保護とは別に、高さ1メートル、幅1メートルほどの立方体の防護柵も設置。苗の基質にはロープではなく、長方形のワイヤーメッシュを用いた。これなら、少ない面積に多くの種糸を設置できる。苗を付けたメッシュの上に立方体状の柵をかぶせて完成だ。

全部それにすればいいのでは?という声も上がりそうだが、これには大きな欠点がある。その1、海中で安定しないこと。大きな構造物は、それだけ波やうねりの影響も強く受ける。実際、設置して間もなく海が荒れてしまい、この柵は一度数メートル先に流されてしまった。

苗を取り付けたワイヤーメッシュ（左）。その上に柵をかぶせて、アカモクを守る様子（右）。

その2、お金がかかる。これが最大の理由だ。今回の柵ひとつを作るのにも2万円弱も費用がかかった。ロープであれば1本分の費用で済む点から見てもコスパが悪いのだ。

さて、実は2年目となる今回は、もうひとつ確認したいことがあった。それは初期の食害を起こす魚の特定である。育ったアカモクをイスズミが食べていたのは間違いない。しかし、あれだけの食欲であれば、そもそも小さな苗など一口で食べ尽くし、跡も残らないはずだ。

なのに、実際はかじられた跡がある程度で、苗自体は残っていた。となれば、初期の苗を食べている犯人は別にいるのではないか？　それを検証するため、苗の一部はあえて保護をしない状態で置き、監視カメラを仕掛けることにした。

その翌日、回収したカメラの映像を確認すると、そこには驚きの真犯人が！　映像に映っていた魚はなんとメジナの集団

小さな苗を狙ってやってきた、20匹を超えるメジナの群れ。

だった！

　初期の苗を食べ、生長を阻害していた犯人は、イスズミではなくメジナだったのだ！

メジナといえば、岩場であればどこにでも生息している一般魚だ。藻食魚ＢＩＧ３よりもずっと生息数は多い。その数の多さゆえに、私は初年度から疑いのまなざしを向けていたのだが、これまで海藻を食害する魚として名前を聞くことがほとんどなかった。どうしてメジナだけが軽視されていたのかは、その食性が関係するのではないだろうか。

　メジナには興味深い研究報告がある。メジナの胃の内容物から、何を食べているか調査した結果、メジナはやわらかい海藻を好んで食べており、それらより硬いホンダワラ類はほぼ出なかったそうだ。なるほど。だからメジナは芽がやわらかくて小さいうちだけ食べに現れ、生長したアカモクは食べに来なかったのだ。また、これまでメジナの食害が軽視されていたのも、メジナが藻食魚BIG3のように生長した大型海藻まで食べていなかったからなのかもしれない。

苗を食べていたのは、20匹ほどの若いメジナの集団だった。1匹の大きさは15～20センチメートルだろうか。カメラに映り込んだメジナたちは、初めは苗が設置してある周囲の岩に生えた小型海藻を食べていたのだが、やがてロープに近づくと苗までかじりだしたのだ。

群れがカメラの前で海藻を食べている時間は5分程度だったが、その間ひたすら苗をブチブチと食いちぎっている。確かにこれが毎日繰り返されていたら育たないわけだ……。実は、メジナが食べている後ろにイスズミも映り込んでいたが、このときは苗にはまったく興味を示していなかった。イスズミにとってまだ小さな苗は餌の対象になっていないようだ。

しかし今回、メジナが初期の苗を食べ、生長を阻害していると判明したことは非常に大きな発見だ。メジナは岩場であればどこにでも大量に現れる魚だ。ウニのように駆除してバランスをとることはまず不可能だろう。それに加え、海藻の芽がやっと生長したと思えば、今度はイスズミが食べにやってくる。

うーん……磯焼けを解決するのは思っていた以上にハードモードだった。

獣道ならぬ〝魚道〟

2年目の挑戦は想定どおり順調に進んでいた。ネットで保護し、メジナによる食害を防いでいるかぎりは問題なく苗は伸びつづけた。

しかし、そのときは着実に近づいていた。そう、防護ネットによる保護限界点だ！　それまでに有効な対策を打てなければ、2年目も失敗に終わる。何かヒントはないだろうか、と監視カメラで撮影した1本8時間に及ぶ海中映像を見直しているとき、私はあることに気が付いた。

魚たちは、常に同じ場所を通っているようなのである。ボラが毎回カメラの左側からやってきて、右側へと姿を消す。最初は気のせいかと思っていたが、日付の違う映像データを比較してみると偶然とは思えないルートを通っている。さらに、ほかの魚にも注目してみると、メジナやイスズミも、ボラが通った道をなぞるように泳いでいた。そして、その道には必ず岩の上に餌となる海藻が生えているのだ！

これに気付いたとき、ひとつの仮説が浮かんだ。

「海中にも、獣道ならぬ〝魚道〟があるのでは？」

山では、イノシシなどの獣が毎回行き来する場所には獣道ができる。それと同じように、魚たちも毎回通る、決まった道があるのではないかと考えたのだ。

そうか、私はそもそも初めから間違えていたのかもしれない！　海藻を生やそうと思えば、当然海藻が生えていた岩場で育てるのが良いと思っていたが、それが間違いだったのだ。

そもそも岩場は藻食魚たちの「餌場」であり「通り道」なのだ！　では、餌が少なくなった岩場で突然おいしそうな海藻が現れたらどうなるだろうか。すぐに見つかり食べられてしまうことくらい、少し考えれば分かる話だろう。つまり答えはこうだ。

「海藻を生やせる場所は、海藻が生えない場所である！」

それに気付いた私が目を付けた場所こそが「砂地」だった！

砂地のオアシス

砂地こそ海藻を育てるのに適した聖地だと考えた私は、早速作業に取りかかった。ありがたいことに、桑野教授より、再び新たな苗を提供していただいた。

設置する砂地の水深は3メートル弱。海底の砂は石ころひとつ落ちていない、白く美しい砂地である。何も落ちていないということは重要なポイントだ。この海藻の育成は、とにかくメジナやイスズミに見つかれば即ゲームオーバー。

となれば、彼らを呼び寄せる要素は残らず排除するべきだ。石があれば海藻が少なからず生えるので、それを食べに来ている可能性がある。だから真っさらな砂地がベストなのだ。

設置場所は、苗を育てていた岩場から距離にして100メートルほど離れた地点の砂地を選んだ。岩場との距離感はやや不安ではあるが、もし私の仮説が正しければ、岩場と砂地の境目がメジナやイスズミたちの回遊コースの壁となっているはずだ。

また、メジナは水深1メートルより浅い場所にも普通に現れるが、イスズミはそのような浅い場所ではほぼ見かけない。ということは、砂地であることと、水深が浅いという条件を

保護ネットなしでも5センチメートル生長したアカモク。

満たせば、イスズミの出現率は下がるはずだ。

2月初旬、いよいよ成否を分ける砂地での苗の育成が始まった！　もちろんネットの保護はしない。もし岩場と同様に設置直後から食害が起これば、私の仮説は間違いだとすぐに分かる。しかし、この苗が上手く育てば成功の可能性はグッと増すだろう！


砂地への設置から10日後、苗の状態は……あまり良くなかった。初期の状態からほとんど伸びていない。

食害にあっているのか？　一抹の不安がよぎる。しかし、かじられて欠けたような葉はない。もう少し様子を見守ることにした。

設置から20日が経過し、再び見に行った砂地の苗は……。

なんと！　育っていた！

よし、成功だ！　岩場ではネットで保護しなければまったく育たなかった苗が、砂地ではネットなしでも5センチメートルほどにまで生長していた！　葉の数も増えていて、もちろん魚にかじられた跡もないきれいな葉だ！

やはり回遊ルートを外れた砂地には、約1ヶ月間メジナは来なかった。ではなぜ初期の生長が悪かったかについてだが、桑野教授によれば、研究室から海へ出した際の環境変化による影響や、研究室で育てている段階で苗の状態が万全でなかった可能性を指摘された。

なんにせよ、これでメジナ対策と初期の育成問題は解決した。しかし、ここからが本番である。いよいよイスズミとの最終決戦が幕を開ける！

第9章

いざ東北の地へ！
磯焼け対策の武者修行

海へと潜る公務員

２０２３年、２月中旬。イスズミとの最終決戦を前に、私はどうしても行きたかった東北・岩手の三陸地方を訪れた。その理由は、この地ならばスポアバッグの正しい使い方が分かると考えたからだ。

前述したが、スポアバッグとは、メッシュ状の袋の中に親となる海藻を入れ、その周囲に卵や胞子をまくための装置である。長崎でも磯焼け対策の一環として頻繁に使用されているが、私はこれが効果的に機能したところをほとんど見たことがない。

そして、第1章でもお伝えしたとおり、今や磯焼けは日本各地で起きている問題だ。三陸の海は、南から北上してきた暖かい海流「黒潮」と、北から南下した冷たい海流「親潮」が入り混じる国内屈指の漁場である。しかし、そんな三陸の海ですら磯焼けは起きているのだ。

三陸の海に潜るのはもちろん初めてだった。そんな私を笑顔で出迎え、案内してくれた方が「ダイビングショップ Rias」の佐藤さんだ。佐藤さんはクマを思わせる大きな体格から、みんなに「クマさん」と呼んで慕われている。

クマさんは、三陸の海で磯焼け対策に熱心に取り組まれているダイビングガイドだ。また、2011年の東日本大震災をきっかけに、NPO法人「三陸ボランティアダイバーズ」を有志とともに立ち上げ、地元漁業者やボランティアダイバーと海中の復興作業に尽力されてきた方でもある。

海中に流れ込んだ瓦礫（がれき）を数年かけて撤去し、ようやく一段落ついたと思った直後に三陸の海でも磯焼けが始まったそうだ。そのため、今は藻場の保全活動にも精力的に取り組まれている。

クマさんとの出会いは、私の中で磯焼けに対する考えを大きく変えるきっかけとなった。


実際に三陸を訪れる前、海に関するオンライン交流会で、磯焼け対策についての情報交換をさせていただいた。そのときに聞いたスポアバッグの有効性や、ウニ駆除の効果、実績が長崎の海域とはまったく違っていたのだ。その理由を知るためには、直接潜って自分の目で確かめるしかない。こうして、私は三陸の海へ向かったのだった。

訪れた場所は岩手県の大槌町（おおつちちょう）。私の希望もあり、ウニ駆除を行う様子を視察させてもらった。駆除作業を始める前に、まずは港でブリーフィング（事前確認）が行われるのだが、ここで私はひとつ目の衝撃を受けた。

クマさんたちダイバーだけでなく、漁業者や町役場に勤める行政担当者までもが、海に潜って駆除に参加するというのだ。いや、漁業者が潜るというのはなくもないのだが、行政の方まで潜るというのは聞いたことがない。

聞けば大槌町での取り組みは、ボランティアダイバーや漁業者、行政が同じ目線で一丸となって磯焼け対策に取り組めるように、駆除もみんなで実施しているそうなのだ。


間違いなく、これはひとつの理想形だろう。私も海中の様子を口頭や報告書で伝えることはあるものの、百聞は一見にしかず。やはり直接潜って現状を共有できるのであれば、それが一番である。私が知るかぎり、ここまで一丸となって取り組む地域はほかにない。

ブリーフィングも終わり、いよいよ海に潜る。2月といえば最も水温が低い時期だ。私が活動する長崎の海の水温は14℃。これでも十分冷たい。しかし、三陸の海の水温はなんと6℃だ！

頭に分厚いフードをかぶり、普段は着けない手袋も厚めのものをお借りして、意を決して真冬の三陸の海に飛び込んだ！　冷たい！

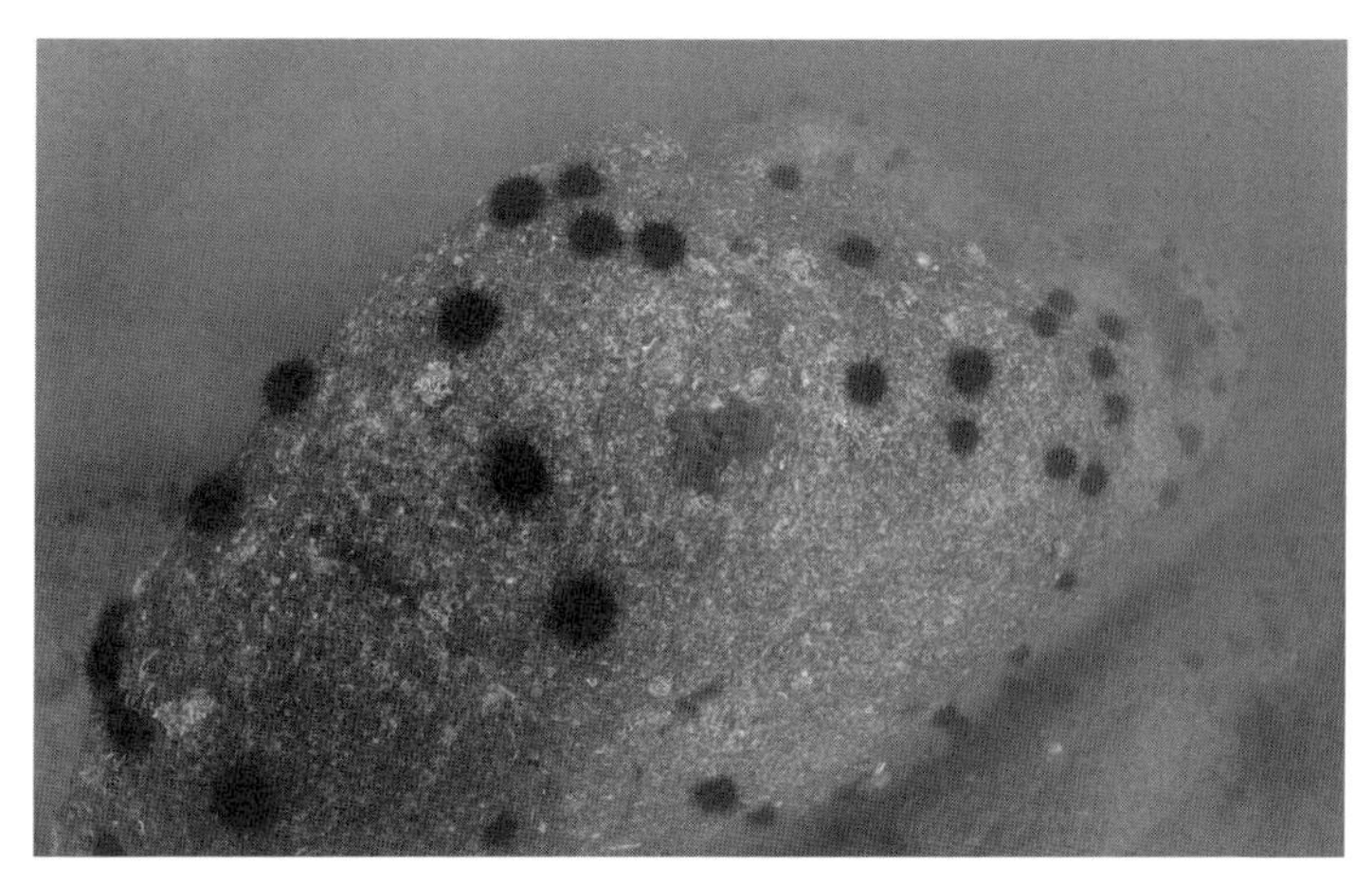

キタムラサキウニの増加に伴い進行した、三陸の磯焼け。

入った瞬間に頭がキーンとなり、カキ氷をイッキ食いしたときのような痛みが襲ってきた。顔に張り付くような海水の冷たさに堪えながら海底に降りると、そこには見事なまでに磯焼けし、ウニだらけとなった光景が広がっていた！

海中に浮かぶスポアバッグ

初めて目にした三陸の海底は、見事なまでの磯焼け地帯だった。コンブやワカメなどがあるはずの水深3メートルほどの岩には何も生えておらず、ただウニばかりが目に付いた。なるほど、これが三陸で起きている磯焼けの現状か。長崎で磯焼けが酷い場所と状況は似ている。

しかし、明らかな違いも見てとれた。

まず大きな違いが、ウニの種類である。長崎ではガンガゼやムラサキウニが駆除対象となっているが、ここにはどちらも生息していない。いるのはキタムラサキウニとエゾバフンウニだ。なかでもキタムラサキウニが9割以上を占めている。

そんなウニをクマさんたちは、各々が持った道具を使って駆除して回っていた。しかし、なんとも妙なのである。確かにキタムラサキウニの数は異常に多いが、三陸の海の豊かさと冬場の低水温なら、深刻な磯焼けを引き起こすほどの規模にも思えなかった。少なくとも長崎に生息するこれとよく似たムラサキウニであれば、同じくらいの数がいても海藻が多少なりとも生えている場所もある。さまざまな疑問を抱いているうちに、ひとしきり駆除を終えたクマさんたちとともに陸に戻ってきた。

次に案内していただいた場所は港内の一角だった。ここは種糸やスポアバッグを使って、海藻を人工的に育てている場所とのこと。いよいよ待ちに待ったスポアバッグとの対面である。長崎ではほぼ効果を実感できなかったが、クマさんたちの話によれば、三陸の海ではちゃんと効果が出ているそうだ。果たして、その実態はどのようなものなのか。

いざ、その場所へ潜って驚いた！　海底に張られたロープ上には、ワカメやコンブがびっしり生えていたのだ！

先ほどの磯焼けした場所とは大違いだった。距離もほとんど離れていないというのに、こうも違うのか。そして海藻の先に、見たかったそれはあった！　スポアバッグだ。しかし、それは予想外の姿をしていた。

「う、浮いている！」

長崎で漁師さんが設置するスポアバッグは、どれも重石を付けて沈めてあったが、三陸の

岩手県の越喜来湾で見たスポアバッグ（左）。少ない親藻からたくさんのコンブが生い茂っている様子（右）を見ると、磯焼けの回復に希望の光を感じる。

スポアバッグは、海底から2メートルほどの高さに浮かせて設置されていたのだ。

私は内心、あぁやはりそうかと思った。スポアバッグ、を海底に置いているだけでは、海藻の卵は拡散しないのではないか、と長年考えていたのだ。しかし、それを確認しようとしても卵が小さすぎて、拡散していないとはいい切れない。なので「もっと良い方法があるのではないか」とはなかなか言い出せなかったのだ。

さらに驚いたのは、スポアバッグに入っているコンブの親藻の量がかなり少ないことだ！　よく見るとコンブの胞子が作られる「子嚢斑」と呼ばれる生殖器官だけが入れられている。一方、長崎では満員電車のごとく、海藻全体が袋の中に入るだけ詰められていた。同じスポアバッグといえど、こうも使い方が違うとは……。

設置された周囲の海底にはコンブの芽が育っており、さらにスポアバッグ自体にも生えてきていた。なるほど、恐らくこれがスポアバッグの正しい使い方だったのだろう。浮かせることで胞子が拡散する範囲を広げ、胞子を出す必要な部位だけを投入する。さらにコンブが出す胞子はひとつひとつがとても小さいので、網目の細かい袋であっても問題なく拡散されるのだ。

長崎では、使われていた海藻も、胞子よりずっと粒が大きい卵を落とすホンダワラの仲間が中心。どうりで目に見えるような効果が出づらかったわけだ。スポアバッグという大まかな方法のみが伝わり、最も重要な細部が見落とされた状態で広まった結果、このような違いが起きたのかもしれない。

アグレッシブすぎるキタムラサキウニ

東北の海での体験は本当に驚きの連続だった。スポアバッグの真相に気付いたあとに驚いたのは、ウニの影響力だ。東北に生息するキタムラサキウニは、長崎に生息するムラサキウニと名前や姿は瓜二つだが、性格はてんで違う。

例えるならば、ムラサキウニがゲーム序盤に出てくる雑魚モンスターのスライムだとしたら、キタムラサキウニは終盤に現れるドラゴンである！　それほどまでに私が目にしたキタムラサキウニは力強い存在だった。

では具体的にどう違うのかご説明しよう。まず私がウニ漁で獲っていたムラサキウニ。このウニは関東以南の暖かい海域に生息し、数が多い場所では磯焼けの原因として駆除が行われている。しかし、実態はそうアグレッシブではない。海藻を食べるといっても、例えばワカメやコンブなどの大型海藻に登って食べることはほとんどなく、せいぜい倒れたり流れたりした海藻を拾い食いする程度だ。

しかし、私が三陸の海で目にしたキタムラサキウニは違っていた。登るのだ！　ウニがコ

コンブの上に登り、凄い勢いで食べるキタムラサキウニ（左）。ウニの食べた歯形がコンブにしっかりと残っている（右）。

ンブの頂点に立ってガシガシと食べているのだ！　あり得ない！

だが、それだけではない。食いっぷりも凄いのだ。その食べようは飢えた獣である。第4章に書いたとおり、私はムラサキウニの畜養をしたことがある。彼らは口元に運んだ餌を比較的ゆっくりと食べ、一日に食べる量もそれほど多くない。満足すると食が止まっていることもザラにあった。しかし、キタムラサキウニの食欲はヤバい！　見ているそばから、コンブが口の中へと削り取られていく。そして、海藻にはウニがかじった跡がクッキリと残っているのだ！

なんと恐ろしい……。そうか。最初に見せていただいた磯焼けした場所も、ウニの数に対して磯焼けが深刻だと感じたのはそういうことか！　これほど強く餌を求めるキタムラサキウニだからこそ、ある程度の数がまとまるだけでも深刻な磯焼けを引き起こすのだ！　このウニに比べたら、私が活動する海に生息するウニたちは、なんとかわいらしいことだろうか。

藻食魚が育たない海

三陸の海の港で見せていただいたワカメやコンブの人工育成の様子は、本当にすばらしかった。ロープ上に設置された苗は見事に育ち、1メートル以上に生長した海藻が茂っている。しかし、なぜこの海域では問題なくロープ上の海藻が育っているのだろう。私が長崎で挑戦しているアカモク育成の現状とは大違いだ。海藻の種類は違えど、ロープ上に苗を設置し、それを海中で育てている状況はまったく同じはずなのに。

この差はいったいどこにあるのか。コンブをおいしそうに食べているキタムラサキウニを見ながらそんなことを考えていたとき、あることに気が付いた。

魚がいない！　そう。先ほど見学した磯焼けした海底や、この海藻を人工育成している港の中でも、魚をほとんど見かけないのだ！　いや、正確には「海藻を食べる魚」がいっさいいないのである！　考えてみれば、藻食性の魚は大部分が温帯から亜熱帯に生息する魚たちだ。藻食魚BIG3のイスズミ・アイゴ・ブダイはもちろん、メジナでさえ三陸の海には定着していない。聞けば、メジナは幼魚が夏から秋に現れるが、水温が下がる冬の環境に耐え

高級食材と知られているエゾアワビの大群。磯焼けした場所ではこんな光景は見られなかった。

られず、成魚にならないという。

つまり、三陸の海では、魚による海藻の食害はいっさい気にする必要がないのだ。その代わり、影響力の頂点に立つのがキタムラサキウニなのである。であれば、キタムラサキウニさえ減らせば、磯焼けの大部分を防ぐことが可能なはずだ。

次に案内された海域は、1年前に磯焼け対策としてウニ駆除が実施された場所。それ以前は海藻がまったく生えていない磯焼け地帯であったが、ウニ駆除をしてからたった1年でアカモクを主体とした藻場が形成されていたのだ！ そして、再生した藻場の中には、見たことがないくらいたくさんのエゾアワビが密集していた！

海に寄り添う心

大槌町での取り組みは本当に凄い！　これほどまでに保全活動が実を結び、水産資源の回復にまで繋がっている取り組みを私は見たことがない。一般に、藻場の再生にはウニ駆除以外にも、海域への栄養の添加や海藻の芽を埋め込んだ藻場ブロックの投入など、さまざまな試みがされている。

しかしここでは、ウニを間引き、親藻を育て、その種を供給しているだけである。それなのに、どこよりもすばらしい藻場が再生していた！　そして、藻場の再生を目指す最大の理由である水産資源の増加にも成功している！　それが何よりもすばらしい成果だ。

コンブやワカメの人工育成を行っている港内では、試験的にウニの畜養実験も行われていた。磯焼けしたエリアからキタムラサキウニを採取し、この港内に移植するのだ。

確かにこの方法であれば、私が陸上で行っていたウニの畜養なんかよりずっと効率的である。餌は人工育成したコンブなどを勝手に食べてくれるし、ウニの出す排泄物で水質が悪化することもない。もちろん、光熱費を含む維持管理費はほぼかかっていない。もはや畜養ではなく、港内で自然に育つ天然ウニだ！

そのウニの身入りを確認するため、クマさんが数十匹のウニを採取し、割って中を見せてくれた。するとどうだろう。中にはあふれんばかりの身が詰まっており、とてもそれが磯焼けした海域から移植したウニとは思えぬほどであった！

中身を計量したあとに試食させていただいたのだが、ウニの濃厚な香りと甘味が口の中いっぱいに広がった！　この香りと甘さは、良い海藻をしっかり食べたウニの特徴でもある。なんと将来に希望がもてる成果なのだろうか。


なぜこれほどまでに、大槌町での活動は功を奏しているのか。それはおそらく三陸の海の特徴や、そこに生息する生き物たちの生態系に適した対策が行われているからだろう。

ダイビングガイドとして三陸の海の生態系に造詣が深いクマさん、漁を通して海と関わりつづけてきた漁業者たちの経験と勘、そして同じ目線に立って活動をサポートしている行政のあり方。みんなが一丸となって活動しているからこそ成し得た事例に違いない。

このとき三陸の海を直接見ることができたおかげで、藻場再生の成功には「その海に寄り添った方法」がいかに重要かを感じた。

アカモクの大移動

三陸の海から帰ってきて、改めて私は長崎で藻場再生を成功させるには何をすべきなのかを考えていた。

三陸では、海藻に対して最も影響力を持つキタムラサキウニの生息数をコントロールすることで、再生の足掛かりを作っていた。では、長崎ではどうだろうか。私が活動を始めた当初こそ、長崎でもウニによる影響力が強く、それを駆除することで磯焼けを解消させられるはずと考えてきたが、いざ活動を続けて見えてきた実態は異なっていた。

長崎の海で最も海藻に影響力を持つ生物は、ウニではなく魚なのだ。となれば、やはり藻場再生で重要なのは、いかに藻食魚の影響をコントロールするかだ。

とはいえ、自由に泳ぎ回る魚をウニのように駆除して回ることは容易ではない。それに、たとえ一時的に減らせたとしても、別の地域からすぐに回遊してくるだろう。となれば、今私が思いつく方法は、彼らが食べきれないほどの海藻を一気に生やすというシンプルな作戦しかない。そして、その鍵を握るのは、やはり海藻の人工育成の成功である。

とにもかくにも、現在育てているアカモクを無事に最後まで生長させる方法を確立させなければならない。


アカモクの苗を育てはじめて48日目の2月末。私は2年目の、最後にして最大の賭けに出ることにした。防護ネットでメジナやイスズミによる食害から守っていた岩場のアカモクを、砂地へと移動させることにしたのだ！　もちろん、砂地に移したあとはネットをすべて外す。

第8章で述べたとおり、事前に余剰分の苗で行った砂地での予備実験は成功しており、少なくともメジナによる食害は起きていない。しかし、果たして最大のボスであるイスズミは現れないのか。イスズミの生態や行動パターンから考えるかぎり、現れない可能性が高いはずだが、これればかりはやってみなければ分からない。


ネット内で育ったアカモクは、すでに限界の高さまで達している。私は意を決して岩場のアカモクたちを砂地へと運び、すべての防護ネットを取り外した。もしイスズミが現れれば、初年度同様にすぐさま食害にあい、この年の取り組みは終わるだろう。

頼む！　無事に育ってくれ！

海の生き物トピックス　vol.4

いかつい姿のウツボだが本当は臆病者だった！

大きな口、鋭い牙、巨大なヘビのようなフォルムが恐いウツボだが、実際は真逆の性格。ダイバーが近づくと大きな口を開けるが、不安そうな瞳でこちらを見ており、近づくと穴の中へ逃げていく。また、非常にきれい好きであり、ホンソメワケベラやクリーナーシュリンプと呼ばれるお掃除担当の生き物と一緒にいることが多い。

海の環境を整えるラッパウニゴミ収集も楽じゃない！

ウニの仲間でありながら、長いトゲを持たずに石ころのような見た目をしているラッパウニ。体の表面に貝殻や石ころなどをくっつける習性があり、海底に落ちているルアーやビニール片なども拾ってくれる海のゴミ収集屋さんだ。しかし、トゲに触れると毒針が吹き矢のように射出されるので、素手で触らないように気を付けよう。

子孫繁栄のために性転換する生き物たち

写真のハタやクマノミ、ベラの仲間などは、成長するにつれて生まれたときの性別から変化することがある。クマノミは生まれたときはすべてオスだが、群れの中で一番大きく成長した個体がメスへと変化する。この仕組みは、生存戦略のために行われるのではないかと考えられている。

見た目は似ていない親戚！ ウニとヒトデとナマコの関係

ウニ（左）とヒトデ（中央）とナマコ（右）は姿こそ似ていないが、実は同じ棘皮動物で親戚。基本構造は五放射相称と呼ばれる星型をしている。星形といえばヒトデだが、ウニはトゲを全部落とすと星型模様が浮かび上がる。一方ナマコは輪切りにすると、5本の筋肉の帯が出てくる。

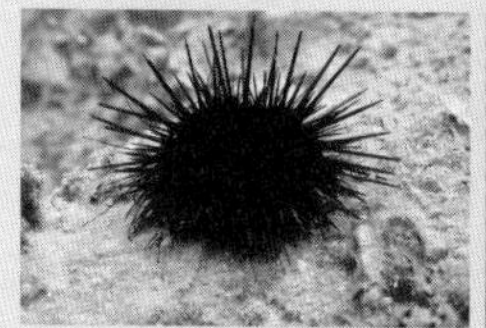

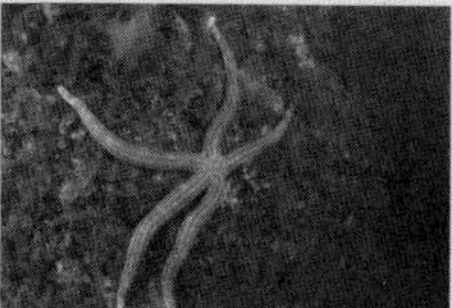

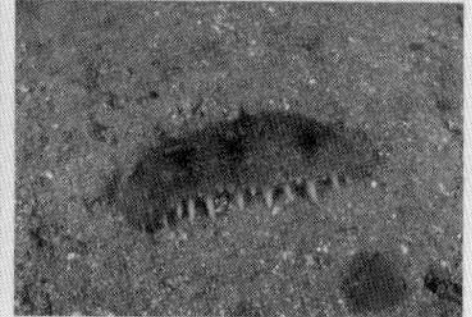

第10章

最終決戦！ 未来にばらまけ 海藻の種！

命のサイクルを手に入れろ

アカモクを砂地へと移設してから12日後、ようやく様子を見に行ける日が訪れた。ずいぶんと間が空いてしまったが、無事に残ってくれているだろうか。移設してからこの日まで、毎日気が気でなかった。

移設した砂地の周囲は、石ころひとつ落ちていない美しい砂底が広がっている。岩場で見かける魚たちの姿はなく、時折トウゴロイワシの群れが通り過ぎていく程度だ。

目印に浮かべたブイが見えてきた。その先に設置したアカモクは……。

「あったぁー!!」

アカモクは食べられることなく、すべて残っていた！　うれしさのあまり、海中で歓喜の雄叫びをあげてしまった。本当に良かった。苗の高さは移設してから少し伸びた程度であったが、確認したかぎりどれも食害にあった痕跡はない。ということは、やはりイスズミはこ

こまで来ていないのだ！

しかし、安心するのはまだ早い。失敗した初年度は、保護ネットを外して17日以内に食害にあっている。今はまだ12日目。

まだここから奴らが食べに来る可能性も十分にある。アカモクも伸びてきているとはいえ、最大まで伸びた状態に比べれば、まだ5分の1くらいしかないのだ。勝負はまだ終わっていない。

次に観察できたのは、さらに11日後であった。移設からは23日が経過している。きっと大丈夫と自分に言い聞かせながらアカモクを移設した砂地へと足早に向かうと、そこにはなんと前回の倍はあろうかという高さにまで伸びたアカモクが立ち並んでいた！

信じられないことに、たった10日ほどで急生長していたのだ！　ということは、やはりイスズミは来ていない。このままアカモクに卵ができれば、私の勝利だ！

砂地への移設から35日目。2年目のアカモク育成をスタートしてから、83日目を迎えた4月初旬、遂にその日が訪れた。砂地のアカモクは高さが最も長いもので1.5メートルに達しており、そこには砂地とは思えない立派な「藻場」が形成されていた！

アカモクの移設から12日目(左上)、23日目(右上)、35日目(左下)、45日目(右下)の様子。生長は著しく、ついに海面に届くほどに繁茂した。

海中へ降り注ぐ光が砂底に波紋を描き、海の中全体がキラキラと光り輝いている。その中に立ち並ぶアカモクの姿があまりにきれいで、見上げたときにグッと胸に込み上げてくるものを感じた。

長く伸びたアカモクの一部を手に取ると、そこには楕円状の実のようなものができていた。卵を作る生殖器床だ。先端には小さな卵がすでに作られつつあった。

ついに成し遂げた。ウニ駆除を始めてから5年、私は自らの手で海藻を育て上げることに成功したのだ。

アカモクの生長周期

生産期

海藻の先に1ミリメートルにも満たない小さな卵が確認できる。気胞と呼ばれる、空気の入っている部分が細長くなっているのが、アカモクならではの特徴。葉がやわらかい時期を好む魚もいる。

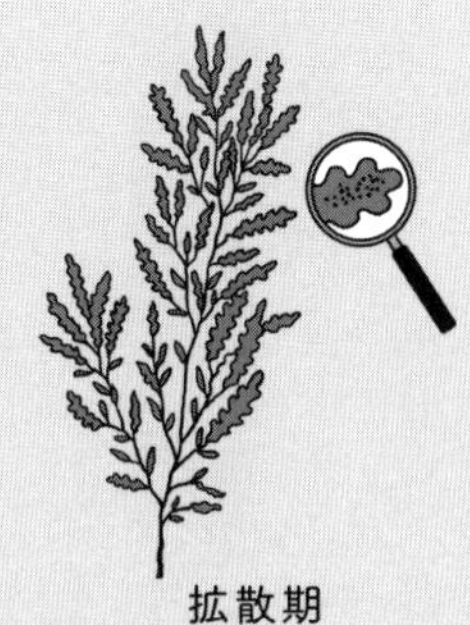

拡散期

大潮がやってくるタイミングで卵が拡散されるが、親から10メートルほどの範囲と意外に狭いようだ。アカモクを人工的に育てる場合は、大潮の2、3日前に受精卵ができた生殖器床を収穫する。

定着期

岩などに卵が落ちると仮根が伸びて定着する。うまく受精していない卵は定着できない。その後2ミリメートルほどの大きさに育つ。

夏眠期

冬眠する生き物と同じように、アカモクは夏の間ほとんど生長しない。高水温に弱い海藻たちにとって一番厳しい時期。

生長期

水温が十分に下がった12月ごろから一気に育ちはじめる。わずか3〜4ヶ月で3メートルほどの大きさになる。メジナやイスズミが食べに来る時期でもある。

アカモクの自立に向けて

砂地のアカモク育成が成功したことは本当に大きな成果だ。やはりイスズミをはじめ、食害を引き起こす魚たちは餌のない砂地へは現れない。そして、藻食魚の影響を受けない環境であれば、アカモクは問題なく育つという証明ができた。

これは裏を返せば、こうも解釈できる。海藻が生えない原因に水質悪化や栄養不足を指摘されることも多いが、少なくともこの海ではまだアカモクが育つ環境が整っていると見てよさそうだ。

さて、第8章で紹介した、別の育て方を試したアカモクを思い出してほしい。立方体状の柵の中で育てていた苗。実は、これは砂地への移設は行わず、そのまま岩場で育てつづけていた。

そして、その柵内のアカモクも同じく立派に生長していたのである。柵があれば、砂地に移動させなくても、海藻は育つということだ。

柵の高さは1メートルほどだったが、驚いたことに、アカモクはその高さに達したあとも生長を続けていた。どうやら海藻たちにとって「真っすぐ伸びられる環境」はさほど重要ではないらしい。考えてみれば、流れ藻になった海藻だって、海面で横たわった状態で生長している。天井に届いたら育たないというのは、思い込みだったわけだ。

やはりこちらでもイスズミから守りさえすれば、問題なく生長させることができた。

そしてここからが本番だ。育てることに成功してつい忘れてしまいそうであったが、目指していたゴールはここではない。ここから天然の岩場にアカモクの藻場を回復させることがゴールなのだ。ウニ駆除もアカモクの人工育成も、そこに向かうための手段に過ぎない。

育成が成功し、岩場にまくための卵がようやく手に入った。あとはこれらを親藻として生やしたい岩場に設置すれば、周囲に卵がまかれるはずだ。そしてウニ駆除と併せて卵や芽の生残率を上げれば、自ずと伸びてくれるだろう。

さすがに高さ2メートル弱に育ったアカモクであれば、イスズミの食害に耐えてくれるはずだ。しかし、いきなり砂地のアカモクを使うのはやはり怖い。そこで、まずはカゴで保護していたアカモクたちを外に出し、できるだけイスズミが来ないであろう浅瀬の岩場に移して様子を見ることにした。

手強すぎるイスズミ

柵内で育てたアカモクを親藻として設置してから4日後。意気揚々と様子を見に行くとアカモクはすべて……食べられていた！　ウソだろ⁉　高さは2メートル弱もあるし、それなりにまとまった量があった。それなのにたった4日で全滅だと⁉　アカモクの苗を付けていたワイヤーメッシュ上には、その茎が10センチメートルほど残っているだけであった。

イスズミが食べたとしたら、いくらなんでも摂餌圧が強すぎる。本当に食害が原因なのか？　真相を確かめるべく、再び水中監視用のカメラで原因を探ることにした。すでにメッシュ上のアカモクは全滅していたが、この時期は量はさほど多くなく、ちょうど別の海域から流れ藻となったアカモクがやってくる。それをいくつか拾い集め、束ねてひもで海底に固定し、その前にカメラを置いた。

翌日カメラの回収を行い、映像を見て愕然とした。日暮れ30分前、海中が薄暗くなってきたころにアイツらがやってきたのだ。そう、イスズミである！　こいつら、こんな浅いとこ

水深2メートルの浅瀬にまで活動範囲を広げているイスズミ。見つかったアカモクは食べ尽くされてしまう。

ろまでやってくるのか……。アカモクを設置した場所は、干潮時は水深2メートルを切るほどの浅瀬である。もはやイスズミの行動範囲は水深とは関係なく、岩場全域と考えたほうが良さそうだ。

しかし、そんなことは些細な問題だ。現れたイスズミには、昨年捉えた様子と明確に違う部分があった。初年度は1匹のイスズミが執拗にアカモクを食べる様子が映っていたが、今回はなんと、丸々と太った成魚が10匹を超える集団で現れたのである！

アカモクの前にとどまり、ムシャムシャと食べつづけるイスズミたち。イスズミがアカモクを食べに現れたのは8時間中たった3分くらいだったが、これが数日続けばなくなるのも納得である。イスズミが餌を食べるスピードは私の想定を超えていた。

ほかの藻食魚が食べに来た様子は映っていない。やはり海藻育成におけるラスボスはイスズミと見て間違いなさそうだ。


撮影から3日後、流れ藻を利用したアカモクの束は、育てていたものと同様、きれいに食べ尽くされて茎だけになっていた。

さて、困った。これほどイスズミの影響力が強いとは。おそらく砂地で育てているアカモクの量でさえ、彼らに見つかれば数日で食べ尽くされてしまうだろう。

問題は、育てたアカモクの卵をどのようにして岩場にまくかだ。今までのように親藻をただ岩場に設置するだけでは、卵がまかれる前に食べられてしまう。

せっかく育成に成功したというのに、肝心な卵がまけないのであれば意味がない。そんな最後にして最大の壁に直面した私に活路を見出させてくれたものは、桑野教授と、東北で出合ったアレだった！

装備のアップグレード

アカモクの育成には成功した。すでに育ったアカモクには、たくさんの生殖器床が形成され、次々に卵が作られている。しかし、砂地でいくら卵を落とさせたところで意味はない。アカモクの卵は海藻のなかでも粒径がずば抜けて大きいし、卵という特性から見ても、散布されるのはせいぜい親藻の周囲10メートルが限度であろう。砂地に落ちたところで定着するはずもなく、このままでは無駄に終わってしまう。

かといって、単純に岩場に移すだけでは、卵が落ちる前にイスズミに食べ尽くされるのは目に見えている。イスズミに食べられずに、卵を岩場にまく方法はないだろうか。そんなことを考えていたとき、アカモクの種苗を提供してくださった桑野教授から電話が入った。どうやら、今から来年分のアカモクの種苗作りをするとのことで、よかったら作業を見に来ませんか？という誘いだった。ひとりで考えていてもアイディアが浮かばなかったので、何かのヒントが得られないかと二つ返事で教授の研究室へと向かった。

到着するころには、すでに教授と学生たちがアカモクから卵を採取する準備を進めていた。机の上には成熟したアカモクの束が置かれており、その脇にはハサミが用意されている。

「では始めましょう」

教授の掛け声と同時に、学生たちがハサミを使ってメスの生殖器床だけを切って集めはじめた。切り取るのはもちろん、受精卵が形成されている生殖器床だけだ。

先生が行っている種苗作りの手法は極めてシンプルであった。まず受精卵が形成された生殖器床だけを集める。次にそれらを、海水を張った容器に浮かべて一晩寝かせる。すると翌日には容器の底に受精卵だけが落ちるのである。あとはそれを回収して、種糸の上に散布しなおすだけだ。つまり、必要なのは受精卵を形成したメスの生殖器床のみであり、ほかの大部分は不要なのだ。そう、ほかの大部分は不要……！

そうか！　海中でも同じことをすればいいんだ！

翌日、早速私は作業にとりかかった。何も難しいことではないのだ。要は、東北で見たスポアバッグと同じ原理で、かつアカモクに適した改良型のスポアバッグを作ればいいのだ。

アカモク播種器は、生殖器床のみを利用して卵を効率的に拡散させることができる。

2メートル以上に伸びたアカモク全体を使おうとすれば、食害や扱いづらさの問題が生まれるが、東北のものと同様に生殖器床だけを使えば小型でシンプルな構造でいい。

そうして完成したものが、対イスズミ用最終決戦兵器「アカモク播種器(はしゅき)(アカモクは、しゅき♡)」であった！

藻場に宿る生態系

アカモクは、生殖器床ができると次の大潮に産卵する。なので、卵が落ちる2日前には卵を収穫しなければならない。これ自体は難しいことではないが、改良型スポアバッグこと、「アカモク播種器」の作成を間に合わせる必要がある。

アカモク播種器の構造は極めてシンプル。メッシュ状のプラスチックネットを円筒形に丸め、その上にさらに目合いの細かい収穫ネットをかぶせるだけだ。そして、この中に受精卵が形成された生殖器床を投入し、海底から2メートル以上浮かせた状態で設置するだけである。これならばイスズミに食べられないし、海藻の詰め込みすぎにより卵が内部で滞留したり、海藻自体が腐ったりする心配もない。

播種器も無事に完成し、いよいよその日がやってきた。砂地で育てたアカモクの収穫だ！1月に2年目のアカモク育成がスタートしてからちょうど100日目。ついにこの日が来たのだ。砂地のアカモクは長いものでは3メートル近くに生長し、すでに先端は海面に達して

砂地のアカモクに現れたメバルの幼魚たち。

いる。もはやそこはただの砂地ではなく、砂地に突如現れた藻場という名のオアシスだった。

大きく育ったアカモクの周囲には、砂地では滅多に見かけないメバルやマダイ、マアジやカワハギなどの幼魚が泳ぎ回っている。

茂ったアカモクの中を覗き込むと、大きさ10センチメートルほどのアマクサアメフラシが卵を産んでいた。また、アカモクの上ではあちこちに小さなヨコエビやワレカラたちが動き回っている。きっとこれらを餌として幼魚は成長していくのだろう。凄い。

アカモクが生えているだけで、これほど多様な生態系が生まれ、多くの生き物が集まる場所となるのか。私が育てた砂地の藻場の中には、すでに数万の大小さまざまな生き物が暮らしていた。藻場がいかに海の生き物にとって大切な場所かを改めて実感した。

本来なら、海藻を船の上に乗せて生殖器床を採取するのが最も効率的だ。しかし、海中での採取であれば、アカモクにやってきた生き物たちの住処も残すことができる。さらに、海中だと海藻の状態がよく見えるので、どこが収穫するのに適しているのかも分かるのだ。

実際に、アカモクは根元付近から成熟しているので、1回目の収穫は根元から、2回目の収穫は葉先、という順番が良いというのも分かった。海中でハサミを手に取り、受精卵が形成された生殖器床だけをひとつずつ刈り取る。まるで海中で茶摘みをしているかのようだ。こんな面倒な作業を潜って実践しているアホは世界広しといえど、おそらく私だけだろう。

1時間ほどかけて収穫した生殖器床を、複数のアカモク播種器の中に分け入れた。結構な数を回収したつもりだったが、生殖器床だけだと播種器の中は思った以上にスカスカである。しかし、ひとつの生殖器床からは、なんと数百粒の受精卵が落ちるのだ。私が収穫した量でさえ、すべての卵が無事に落ちれば数万粒がまかれる計算だ。収穫後すぐにアカモク播種器を岩場に設置し、1週間後に卵が無事にまかれたか確認に向かった。結果は……大成功！

播種器の中にある生殖器床は、いっさい食害にあわずに残っていた。そして、生殖器床には卵が一粒もなくなっている！　つまり、2年目にして、ようやくアカモクの卵を天然の岩場へと確実にまくことに成功したのだ！

豊かな海を目指して

ウニ駆除から始まった私の活動は、紆余曲折を経て海藻を自らの手で育て、それを元に藻場を再生するという取り組みへと変化していった。駆除されるウニたちは、海藻を食べ尽くして磯焼けの原因になっているといわれていたが、少なくとも私が活動する海域の実態とは異なっていた。

ひとつひとつをひも解けば、磯焼けという問題は、特定の生物が悪でありそれがいなくなれば解決するという単純な話ではなかったのだ。確かに、私が活動する長崎においても、ウニが多すぎれば海藻の卵や芽が残りづらくなり、その結果藻場が育ちにくい環境になる。だから駆除などで間引くのは有効である。しかし、いくらウニ駆除をしても磯焼けは解決しないばかりか、見落とされたほかの原因により、新たな海藻の消失まで起きることもある。繰り返すが、ウニだけの問題ではない。

ラスボスであるイスズミもそうだ。彼らをすべて滅ぼせば解決するという考えであれば、もはやどちらが悪の帝王か分からない。もちろん、ある程度のイスズミを駆除することは短期的には有効かもしれない。だが、どうせすぐに別の場所から新たなイスズミたちが引っ越してくるだけで、らちがあかない。

磯焼けを解決するための第一歩は、その海の環境や、そこに暮らす生き物たちをよく知ることなのだと思う。そうすれば、その先に解決への道が見えてくるはずだ。

最初の収穫を終えた13日後、砂地のアカモクはきれいさっぱり全滅した。原因はやはりイスズミによる食害だ。なぜ数か月も現れなかったイスズミが突如現れたのか？　最初こそ驚いたが、その答えはちゃんと海の中にあった。

海が荒れ、春に茂った小型海藻が砂地全体に漂着し、岩場から砂地のアカモクまで海藻の道が作られていた。砂地の海藻を食べ回った先で、このアカモクを見つけたのだろう。そして案の定、全体量が数百キロに及ぶ量のアカモクでさえ、数日で食べ尽くしたのだ。

これは憶測だが、すべてがイスズミのお腹に収まったわけではないだろう。さすがにこれほど膨大な量が数日のうちにたった数十匹のイスズミの腹に入るとも思えない。実はイスズミが食べていた映像には、アカモクがかじられた部分から切れて浮いていく様子も映っていた。つまり、いくつかは流れ藻となって大海原に旅立ったのではないか、と思っている。そうであれば、ちぎれた流れ藻は今またどこかで新たな生き物の住処になっているのだろう。

こうして2年目の挑戦は終わった。しかし、得られたものは非常に大きく、来年はさらに良い取り組みへと昇華させられるはずだ。今回は桑野教授から種苗をいただき、なんとかアカモクを育てることができたが、今後は卵の状態から自分で育てられないか検討している。もしも、漁業者一人一人が種苗を生産できれば、少しずつでも海藻が定着するかもしれない。最終的に磯焼けが解消できなくても、生き物の産卵時期に合わせて疑似的な藻場は作り出せるのだ。

将来的に私が目指しているのは〝海の農家〟である。海藻畑を作り、その卵も自分で採取する。食害を防ぐのも、生き物が棲みやすい環境を作るのも、農場では当たり前にしていることだ。それを海の中でやってみたい。

さらに、近年9割を輸入に頼っているヒジキを自分で育て、「スイチャンネル産ヒジキ」として世の中に広めたいという野望もある。海の農家であるためには、生き物を育てるだけでなく、社会への還元もサイクルの中に含まれるからだ。

私は今も毎月ウニ駆除を続けている。これまで駆除したウニの命を無駄にしないためにも。

そしてウニもイスズミも、すべての生き物が以前のように豊かに暮らせる海が戻ってくることを願って。

おわりに

私の5年にわたる保全活動は、いかがだったでしょうか。みなさまに少しでも興味を持って読んでいただけたなら幸いです。しかし、自分が行ってきた取り組みが、まさかこうして本になるとは夢にも思っていませんでした。

いざ執筆を始めてみると、文章を書くことがまぁ難しい。本当に書き上げることができるのか？　何度も挫折しそうになりながらも無事にゴールできたのは、編集の伊藤さん、山岸さんの支えがあってこそでした。この御二方の励ましがなんと心強かったことか。

今回書かせていただいた活動は、実際に私が目にした海の様子をまとめています。なので、絶対に効果があるという専門的な解釈をしているわけではありません。

これまでは、学校での講演や地元の図書館で開催する写真展、地元のケーブルテレビへの出演を通して、保全活動や海の環境問題、さらに生き物の魅力や面白さを伝えてきました。そんな折、運よくYouTubeで、多くの方に知っていただけるようになったのは、本当にうれしいかぎりです。

長崎の海に潜りはじめて約15年が経過しましたが、私の活動を支えてくださっている漁協及び漁業者のみなさま、そして本書の監修を務めてくださった長崎大学の桑野和可教授、和田実教授には心から感謝申し上げます。

そして、ここまで活動を続けることができた理由。それは、いつも私のやりたいことに振り回されているにもかかわらず、ともに考え、支えつづけてくれた妻と、いつも笑顔で応援してくれる娘たちの存在があったからこそでした。

本当にありがとう。

近年はメディアでも磯焼けについて取り上げられる機会が増えた一方、ウニなどの特定の生物がその原因であり、悪であるという印象を与えるような報道がされていることは大変残念に感じています。

私が本書でも書いたとおり、確かにウニや、イスズミなどの藻食魚が磯焼けの原因のひとつになっていますが、彼らもまた海の生態系を構成する大切なピースのひとつです。時には人の手による駆除が必要な場面もありますが、決して存在そのものを悪だと誤解しないでほしいのです。

今、日本の海は大きな転換期を迎えています。冬場の水温は私が潜りはじめた15年前より確実に上昇しており、それが海藻が生えづらくなった根本的な原因のひとつになっていることは疑う余地がありません。では、変化する環境に人はどう接するべきなのか。どんなに文明が発達し、生活が豊かになったとしても、私たちは依然として自然からの恩恵を受けて生きています。

海に暮らす生き物の大部分は、海藻を直接あるいは間接的に利用しており、藻場の消失は水産資源の減少に繋がります。やがてそれは、私たちの食を支える漁業にも影響を及ぼし、未来の人の生活に食糧難という影を落とすことになるでしょう。

今回紹介した活動は2023年8月現在もまだ継続中であり、今年からはアカモクやヒジキなどの種苗を個人で生産する挑戦も行っています。

なくなった藻場を再生させるまで、どれほどの歳月を要するか見当がつきませんが、いつの日か、ウニやイスズミも共存できる豊かな藻場が回復できると信じ、これからも活動を続けていきます。

この続きを知りたい方は、ぜひYouTubeの動画をご覧いただけますと幸いです。この本を通して、一人でも多くの方に、海で起きている問題について知っていただき、それにどう向き合うべきかということを考えるきっかけにしていただければ幸いです。

卵をまいた海底に、
アカモクの小さな芽を見つけた。
一連の取り組みが成功したのだ!
本当にうれしかった。
しかし、まだまだ道半ば。
海藻の森が復活する日を夢見て、
私のクエストは続く。

中村拓朗
(スイチャンネル)

参考文献

第1章

村田裕子, バフンウニの苦味成分に関する研究 日本水産学会誌68巻,2002

サンマの不漁要因と海洋環境との関係について,
国立研究開発法人 水産研究・教育機構,2023(参照日2023年8月14日)
https://www.fra.affrc.go.jp/pressrelease/pr2023/20230407_col/index.html

第3版 磯焼け対策ガイドライン, 水産庁,2021(参照日2023年8月14日)
https://www.jfa.maff.go.jp/j/gyoko_gyozyo/g_gideline/index.html

第2章

Kokubu, Y., E. Rothäusler, J. B. Filippi, E. D. Durieux and T. Komatsu(2019): Revealing the deposition of macrophytes transported o shore : Evidence of their long-distance dispersal and seasonal aggregation to the deep sea. Scientific reports,

第3章

野口浩介・福元亨, ガンガゼ Diadema setosum の採卵と飼育,2012

第4章

臼井一茂・田村怜子・原日出夫, 野菜残渣を餌としたムラサキウニ養殖について,2018

第6章

小松輝久, 東シナ海流れ藻の起源とFate,2014

海洋環境の変化と水産資源との関連, 水産庁(参照日2023年8月14日)
https://www.jfa.maff.go.jp/j/kikaku/wpaper/h29_h/trend/1/t1_1_2_3.html

Mizuno, S., T. Ajisaka, S. Lahbib, Y. Kokubu, M. N. Alabsi and T.Komatsu(2014): Spatial distributions of floating seaweeds in the East China Sea from late winter to early spring. Journal of Applied Phycology, 26, 1159−1167.

第8章

三郎丸隆・塚原博, 福岡北部沿岸におけるメジナの生活史,1984

監修

桑野和可

長崎大学 総合生産科学域（水産学部兼務）教授

磯焼けに関する研究やアカモク、ヒジキの室内種苗生産法の開発に従事。

和田実

長崎大学 総合生産科学域（水産学部兼務）教授

超閉鎖性内湾である長崎県・大村湾にて、貧酸素水塊が海洋生物に与える影響を研究。

写真

中村拓朗（スイチャンネル）

デザイン

三森健太（JUNGLE）

装画

サイトウユウスケ

本文イラスト

林田秀一

DTP

尾関由希子

校正

ぴいた

編集協力

山岸南美

編集

伊藤甲介（KADOKAWA）

Special Thanks

YouTube視聴者の皆さん、東北の佐藤寛志さん（通称クマさん）

レジェンド漁師の川口泉さん、大村湾漁港の松田孝成組合長

旧福田漁業協同組合の皆さん

中村拓朗（スイチャンネル）

長崎県在住のプロダイバー。鹿児島大学水産学部を卒業後、長崎ペンギン水族館で飼育員として3年半の勤務を経て、独立。現在は水中ガイドのほか、海の生き物の生態を自らが撮影した水中映像で紹介するYouTube「スイチャンネル」を運営。漁協や自治体と連携し、環境保全活動の様子も発信。なかでも、"磯焼け"と呼ばれる海の砂漠化を防ぐために長年行っているウニ駆除動画が人気を博し、チャンネル登録者は27万人（2023年8月現在）を突破。"ウニの人"の愛称でも知られる。水中自然観察家として、地元メディアにも多数出演。

プロダイバーのウニ駆除(くじょ)クエスト
環境(かんきょう)保全(ほぜん)に取(と)り組(く)んでわかった海(うみ)の面白(おもしろ)い話(はなし)

2023年9月20日　初版発行

著者　中村 拓朗(なかむら たくろう)（スイチャンネル）　発行者　山下 直久

発行　株式会社KADOKAWA　〒102-8177　東京都千代田区富士見2-13-3

電話　0570-002-301（ナビダイヤル）　印刷所　大日本印刷株式会社

製本所　大日本印刷株式会社

ISBN 978-4-04-606420-2　C0095